U0155971

用户互联网

USERS' INTERNET

李杰◎著

中国财富出版社有限公司

图书在版编目（CIP）数据

用户互联网／李杰著．—北京：中国财富出版社有限公司，2021.5

ISBN 978－7－5047－7424－8

Ⅰ.①用…　Ⅱ.①李…　Ⅲ.①互联网络—研究　Ⅳ.①TP393.4

中国版本图书馆 CIP 数据核字（2021）第 081624 号

策划编辑　谢晓绚　　**责任编辑**　邢有涛　沈安琪

责任印制　尚立业　　**责任校对**　卓闪闪　　**责任发行**　杨　江

出版发行　中国财富出版社有限公司

社　　址　北京市丰台区南四环西路 188 号 5 区 20 楼　　**邮政编码**　100070

电　　话　010－52227588 转 2098（发行部）　010－52227588 转 321（总编室）

010－52227588 转 100（读者服务部）　010－52227588 转 305（质检部）

网　　址　http：//www.cfpress.com.cn　　**排　　版**　宝蕾元

经　　销　新华书店　　**印　　刷**　宝蕾元仁浩（天津）印刷有限公司

书　　号　ISBN 978－7－5047－7424－8/TP·0110

开　　本　710mm×1000mm　1/16　　**版　　次**　2021 年 7 月第 1 版

印　　张　15.25　　**印　　次**　2021 年 7 月第 1 次印刷

字　　数　195 千字　　**定　　价**　48.00 元

序　写给每个互联网人的一封信

我们都是互联网人，要么改变互联网，要么被互联网改变。雪崩时，没有一片雪花是无辜的。每个互联网人都与互联网的发展息息相关，休戚与共。互联网往哪里走，互联网的未来是什么？这不仅仅是巨头平台需要思考的事情，更是每个互联网人都应该思考的事情。

我们创造了一个极其便利的互联网，用户仅凭一部手机“便知天下事，便购天下物，便行天下路”。与好友通信，听美妙音乐，看精彩视频，线上购票，外出叫车，居家点餐……互联网给每个用户创造了展示自我的舞台，用户的生活因互联网发生了改变。

但我们也创造了一个不完全平等的互联网。用户的网络行为受制于平台规则和边界，没有网络自由；数据和资产掌握在平台手中，无法独立。我们每个用户都成了平台的“商品”，被研究、被记录，被打满成百上千的数据标签，沦为平台的盈利工具。而数据和算法更成为平台的“核武器”，平台更懂用户，更让用户上瘾，也更能“控制”用户。外卖骑手被困在系统里“生死时速”，自媒体人被困在分发规则里，小微创业者被困在流量陷阱里……每个用户都被系统时刻计算着，时刻分析着，时刻控制着。用户的自由意志可能会被终结，最终被平台背后的机器和算法所奴役。

我们是互联网人，但我们也是用户。辛苦奋斗，想要创造的就是这样的一个“不平等、用户没有独立人格”的互联网吗？当互联网垂直产品大局已定，巨头平台建立生态圈、制定规则，掌握了绝对话语权，对舆论有明显的控制力和影响力，并基于自身强大的服务生态和资本优势形成派系力量，实现用户、流量、渠道、资本、数据、人才、技术等的垄断；当互联网平台“躺着”就能收割互联网人、后来者、创业者的梦想时，平台还需要梦想吗？平台又有什么动力去主动改变？当互联网创业者的主流认知变成“收割用户比服务用户利益更高”，当流量至上，到处充斥着营销号和冗余重复的内容，谁还会真的为用户服务？谁还会关心整体互联网的信息环境？当一些互联网上层的“聪明人”“精英”看懂了互联网的现状和规则，更懂得“不变比改变更有利”的道理，谁还会推动互联网的变革？互联网还有未来吗？互联网还需要创新吗？还有人敢去变革、创造未来吗？

全世界都在告诉互联网人要改变，可互联网人该如何改变？看起来，我们的选择很多。我们可以依附平台，去一家大公司寻求稳定发展；我们也可以到一家初创的潜力公司历练；还可以基于自媒体平台成为自由职业者，分享知识和见解。机会再少，总有人把握；蛋糕再小，总有人吃到；“内卷”再严重，也总会有领先者。而我们只要不断地学习、不断地提升，就有机会竞争前排的位置。但实际上，我们的选择很少。平台互联网红利尽逝，没有太多机会；好的公司和岗位，大多数人都争取不到，即使争取到了，也很难有所晋升；垂直市场也早已饱和，存量竞争越发激烈，创业门槛也越来越高。互联网是一个竞争异常激烈的商业世界，互联网人不可能长期稳定，中年危机、裁员、跳槽等风险将伴随整个职业生涯。面对这样的危机，互联网人何去何从？这是我每天都会思考的问题。修修补补的互联网是不可持续发展的，只有创造一个新时代，才足够安放大多数人的梦想。

当前互联网有两个根本性问题。

第一，垂直业务就像圈地，占据一块就少一块。当前垂直细分市场越来越少，竞争门槛越来越高，进入资本主导的重复存量竞争阶段，早已不适合“草根”创业，也不可能诞生很多新的机会。

第二，网络主体之间的关系不明确。互联网发展这么久，用户、平台、监管机构等各个网络主体之间的关系仍不明确，包括各方的职责、权利、义务、资产等，尤其是平台与用户之间不对等的关系。平台商业化思维下的“侵犯”策略与用户自我保护需要之间的矛盾越发强烈，若不加以解决，终将导致二者的冲突不可避免爆发。

当然，我们也有应对之道！针对性的破局方案有两个。

其一，垂直网络（业务）已无太大机会，那就创造一个可跨平台在全网连接的平行网络，创造各个领域的平行产品。

其二，网络主体之间的关系重构。在当前互联网世界，用户寄生、受制于平台，这是不可持续的；区块链的去平台也是不可取的，因为平台也是互联网世界的重要主体，不可能去掉。最好的方案是创建用户属性的产品，建立基于用户自身特征的网络连接，从而让用户自主拥有全网性的连接能力，而不再是由单个平台的账户体系和产品完全垄断用户某一需求的网络连接能力。最终实现各方自治，平等交互。

当前的互联网是垂直互联网，产品是垂直产品，用户在同一平台，并通过平台账号才能建立连接，不同平台之间的用户是无法建立连接的。用户全网性的网络行为受限的根本原因在于用户必须以平台的账号作为用户间的连接介质，无法脱离平台的账户体系。用户互联网要创造一个平行的互联网世界，创建基于信息自有特征在全网范围内交互（连接 & 匹配[①]）的平行网络，创建平行产品，让用户自身拥有网络能力，用户在哪里，网络能力就在哪里，不再受制于平台垂直边界的管理和限制。而要实现这一点，就必须使用能够全网流通而不改变性质的连接介质，而这样的连接介质必须是“信息的自有特征”。从垂直网络走向平行网络如图 1 所示。

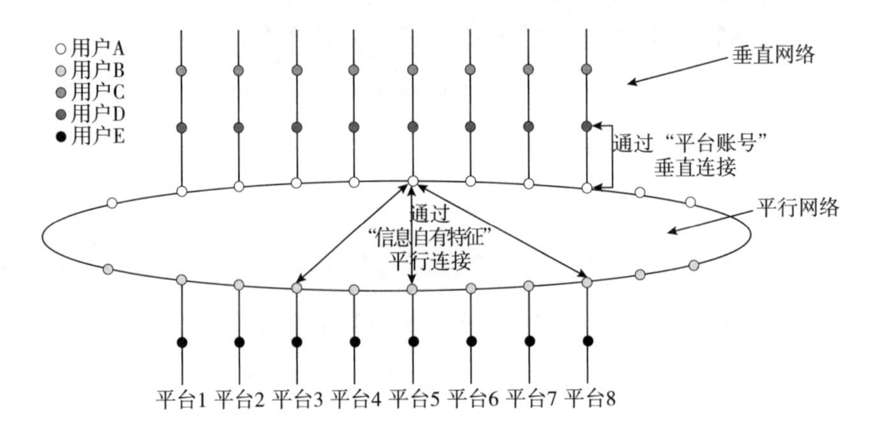

图 1　从垂直网络走向平行网络

以转账支付产品为例对比说明垂直网络与平行网络的产品区别。目前，平台互联网的转账产品是垂直转账产品。用户向他人转账，是有门槛的，必须要获取对方的收款账号，否则用户就无法转账，所以用户的转账能力是有边界的，是不自由的，是受制于平台分配的收款账号的。比如，用户在短视频上看到一个需要帮助的老人，无法直接给他转账；在新闻中看到山区的孩子，也无法直接给他转账。因为用户不知道他们的收款账号，所以不具备向他们自由转账的能力。

① 即连接和匹配。

与垂直转账产品不同的是，平行转账产品可以是一款“扫脸转账”的产品，用户看到任何人，都可以通过人脸识别后直接向其转账。人脸即账户，人脸即收款码。“扫脸转账”去掉了用户向其他人转账的门槛，不需要额外花费成本去获取对方的平台收款账号，用户只要“扫脸”，就能给任何人直接转账，不受限制，用户真正拥有了自由转账的网络能力。用户资金不经过第三方，直接转到对方的个人账户。试想一下，如果该功能应用于爱心公益事业，每个人的爱心都可以通过这个产品直接送达任何需要帮助的人，这将是一件极具意义的事情。用户转账能力的疆域如图 2 所示。

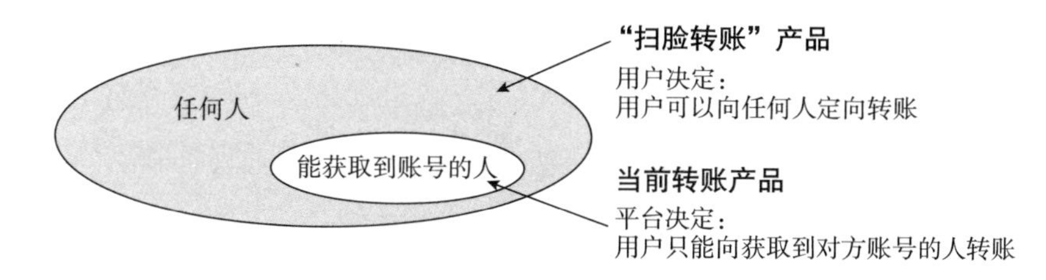

图 2　用户转账能力的疆域

当然，这只是用户互联网平行产品的一个例子，冰山一角，我们要做的是创造一个完整的平行网络世界，输出所有领域的平行产品。

垂直网络能够出现垄断，但平行网络不能。因为垂直产品通过账户体系和沉淀的用户关系、资源数据等，可以垄断用户的网络行为；而平行产品是全网性产品，核心点是在需求诞生的场景位置处当即满足而不是转场到特定产品内，任何平台乃至巨头都无法垄断用户需求的诞生场景。

以通信[①]为例，垂直通信工具指的是所有的通信行为都必须在特定的

① 在互联网即时沟通和社交领域，多使用“通讯工具”指代即时沟通软件，通信工具指代移动手机、对讲机等硬件，属于约定俗成。本书中为规范统一，均使用“通信”一词。

通信工具中才能进行，比如双方只有加好友才能通过微信交流。平行通信工具指的是，在全网任何需要通信的位置和场景，都可以即时通信，而不需要转场再去特定的通信工具中。微信可以让十几亿用户在产品内通信，但永远无法做到让用户的通信需求只产生在微信里，而不产生在全网其他平台和其他场景。简单来说，通信需求不会只诞生在某一 App 内，所以该 App 无法垄断通信需求。在通信需求诞生位置的直接通信会比转场到固定工具内通信更具体验感和便利。垂直网络的竞争追求的是垂直领域的垄断，而平行网络的竞争追求的是全网平行的统一。竞争规则、竞争策略和核心竞争点完全不一样（全网平行统一的实现是非常艺术性的，需要创造很多平行性的体验方式）。

本篇序言，主要让大家知道除当前以平台为主体的垂直互联网外，我们还可以创造一种新的以用户为主体的平行互联网。告诉大家，我目前正在做两件事情，一是用户互联网的内容布道，让更多人知道并参与用户互联网的发展与建设；二是创建平行网络，输出平行产品，提供各个领域的平行产品解决方案。

与此同时，我也希望跟更多的互联网人合作。

合作方案一：我们共同创造。我需要这样的合作伙伴（如果你是，请联系我）——站在整体互联网的角度思考问题，最先关注互联网需要什么，其次才会考虑平台、自己需要什么。不是考虑如何讨好用户，迎合用户，让用户“上瘾”，最终占据用户，圈住用户，而是让用户自身具备自由的网络能力，可以自我决策网络行为；不再是如何满足一家平台之私，在存量市场中依靠资源重复竞争，而是发挥创造力和想象力，致力于开创一个新时代；不是满足当下一时的需要，而是致力于解决整个互联网最根本、长久存在的问题。更重要的是，科技是把双刃剑，希望大家有一颗善良的心。

合作方案二：为你提供平行网络世界知识。当前的垂直互联网确实没有太多的新机会，希望你能了解用户互联网，了解平行网络。我会分享我的所有思考和认知，毫无保留。

我希望，通过本书能给大家带来新的思考、新的认知。很多事一个人无法完成，我希望有更多的朋友参与用户互联网，在该领域取得成功。也欢迎大家交换想法，把你的想法分享给我。

阅读说明

为什么要写这本书？我想，主要因为以下五点，了解这五点，更加利于读者朋友阅读本书。

一、互联网往哪里走

互联网未来往哪里走？它应该是什么样子？经过我多年的持续思考、探索和验证，最终形成了对用户互联网较为完整的认知。通过此书我会简单描绘出我理解的这个新的互联网世界。

二、用户互联网要做的三件事情

用户互联网是一个完整的网络形态，既不同于平台互联网，也不是去中心化互联网。它对当前的互联网不是取代，而是补充和创造。用户互联网改善了当前网络形态的缺陷，创造了新的平行网络和连接。

用户互联网要做三件事情。一是创建以用户为主体的网络体制；二是解决各网络主体尤其是用户与平台之间的关系问题；三是创建基于信息自有特征（连接介质）的性质，在全网范围内平行处理信息（连接 & 匹配）的平行网络。

三、初级内容

本书只是简单地描述了用户互联网的大致样貌，确定了三大目标，做了基础的定义，属于初级内容。

用户互联网各个领域的根本需求、平行产品的广义产品和产品形态、平行产品的具体设计和思考、平行交互的具体方式、平台间如何进行平行统一竞争、创建整个平行网络的先后顺序、用户互联网的核心卡位点、科技本善具体的实施方案、个体性质的商业模式、基础服务的具体实现方案、用户互联网的思考和认知获取方式……这些高阶内容，我将会在未来合适的时间再进行介绍。

四、写本书的目的

希望更多的人知道、了解并参与用户互联网，共同创造一个以用户为主体实现各方自治交互的平行网络。

五、其他说明

本书写作时间较早，随着认识的不断加深，还有很多新的思考。由于用户互联网是个新东西，本书有很多概念和定义是当前互联网思维下没有的，理解起来可能略有难度。

虽然这本书只是对用户互联网做了基础的定义和说明，并未深入，或者它仅仅相当于基础版内容。但是，对认识用户互联网和思考当前平台互联网存在的问题是非常有意义的。也希望通过此书，更多的互联网人能认识并参与这个新的互联网世界。同时，我要感谢出版社伙伴的参与和帮助，让这本书早日与读者朋友相见。

目录
CONTENTS

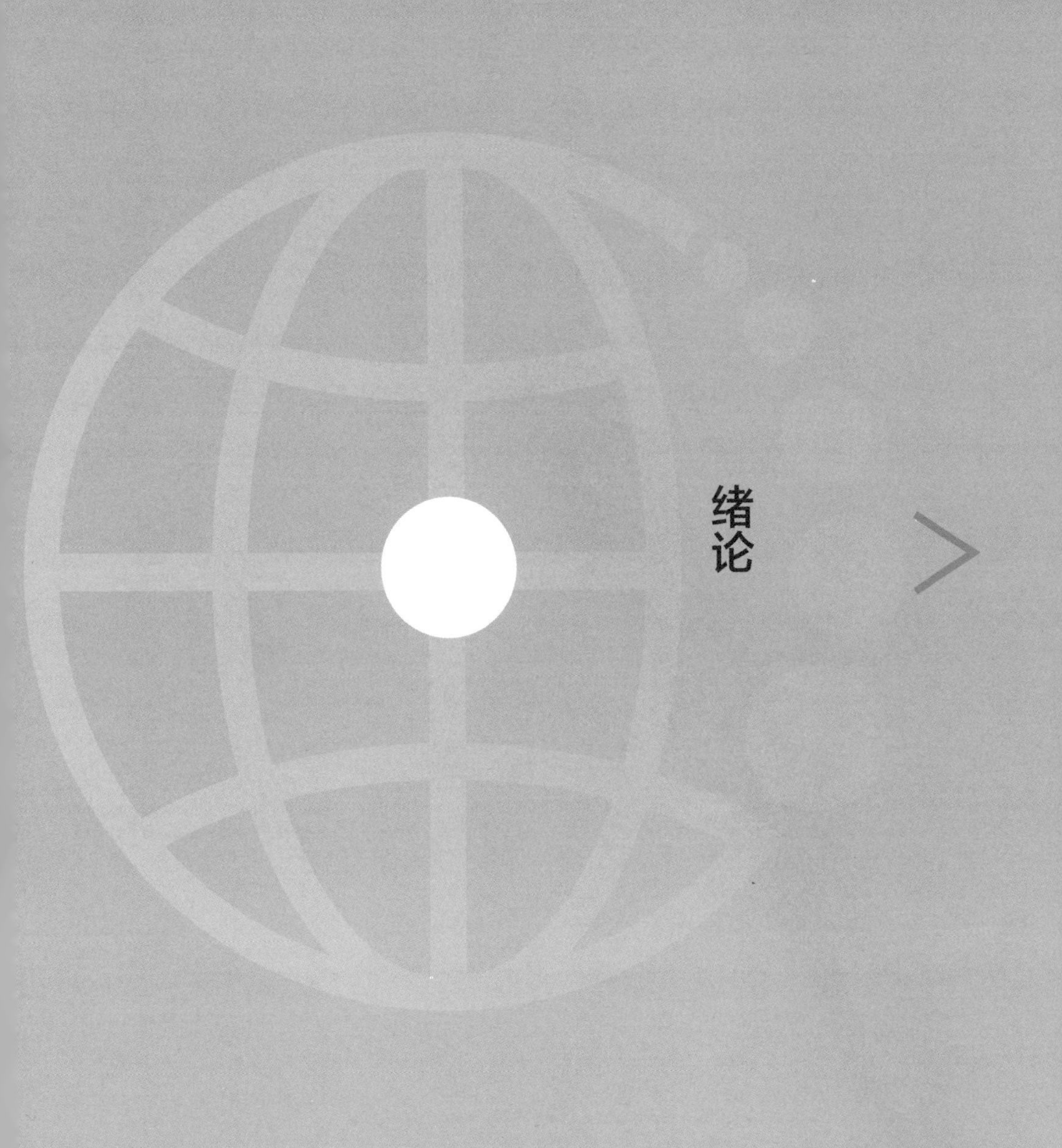

绪论

一、最小单元网络行为基本公式

我总结出了一个最小单元网络行为基本公式（见图0－1），互联网所有产品服务里的最小单次的连接交互行为，都可以通过这个公式表达。目前，我也是完全按照这个公式来推导用户互联网的平行网络要做什么，以及怎么做平行产品。

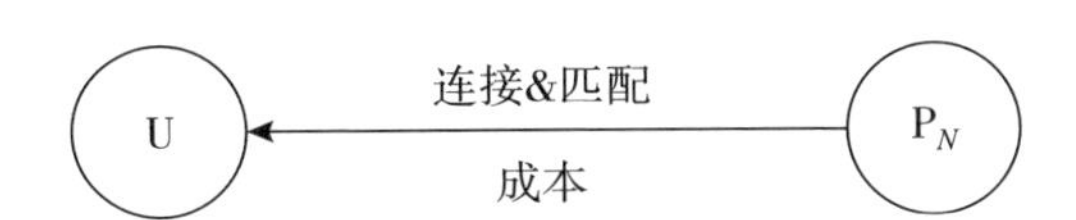

图0－1　最小单元网络行为基本公式

这个公式表达的是任意交互双方（其中至少一方是行为主体）之间最小单元的一次网络行为，例如两个用户之间单次的通信行为（单向的，只包含发送不包含回复）、用户与系统间单次最小单元的搜索行为（单向的，只包含输入不包含响应）、用户与系统间单次最小单元的网络购物行为等。

U是独立的网络行为个体，如个体用户、单个平台组织等（性质是需求方）；

P 是任何网络元素，包括主体和信息元素等（性质是被需求方）；

N 是数量，从 1 到 +∞（通常可分为三种：数量为 1、数量为固定的多值、数量为不固定的多值）。

箭头是单向的，说明最小单位的一次网络行为一定是单向的，存在需求方和被需求方；箭头指向 U，指的是被需求的网络元素（P）一定是为了满足单次网络行为的需求方（U）；成本指的是 U 和 P 之间的关系是不对等的，U 是主动需求方，P 是被需求方。要实现连接，U 一定要付出成本，成本的范围是 0～+∞，而 P 享有 U 付出的全部或部分成本，P 享受部分成本的原因在于需要付给平台通道费。

连接指的是 U 和 P 之间的连接通道，包括连接介质、连接方式、连接位置、连接条件、连接范围和连接管理等。

匹配指的是匹配策略，当 U 没有极其明确的通信对方时，P 为非标准化元素，U 和 P 之间的匹配策略则至关重要。例如，当 U 和 P 均为个体用户，N 为 1 时，这就是两个个体用户之间通信的场景。若 U 有明确的通信对方，则 P 是确定性的；若 U 没有明确的通信对方，此时的 P 是不确定的。如何为 U 匹配一个合适的通信对方（P），这是匹配策略要做的事。

例如，当 U 和 P 为个体用户，N 为不固定的多值，则代表的是“一对多”场景下用户聚集的网络形态，可以理解为一个群主和多名群员所在的一个群组。“连接”代表的是群主（U）与群员（P_N）之间的关系建立，如是通过群账号、群二维码等平台特征建立（垂直连接），还是通过群主个人的品牌、关键字等个人特征建立（平行连接）。“箭头”指向群主（U），代表群主（U）建立这个群所需要的成本代价，如在平台的宣传费、自建渠道付出的成本等。“匹配”代表的是群主（U）吸引的目标（P_N）具体是谁，为何是这些人而不是其他人，这些人是不是最适合的群成员。当前的垂直产品中，匹配策略是粗暴式的，或是没有考虑过，与没有策略无异。最重要的是，平行网络中，在具体的产品设计和需求获取上，不用受制于当前产品思维的限制，比如要做一个平行的群组类产品，根本不用参考贴吧、豆瓣、知乎等怎么做，因为做平行产品最重要的是找到根需求，确定根需求是根本所在。

那么这个公式的用途与价值是什么呢?

（一）计算出产品需求

基于这个公式，可以推算出网络需求和产品开发方向。当前互联网的产品需求的来源通常是灵感式的脑力风暴、经验式发现、竞品分析、用户数据分析等；而有了这个公式，互联网的产品需求是可以计算的。每个产品或需求在互联网络中处于什么位置，之间的关联是什么都会很清楚。互联网人更可以通过这个公式推算出当前互联网没有的产品和需求。最重要的是，通过这个公式能确定每个领域最核心的根需求，后续子需求就可以基于这个根需求计算推导出来。以通信为例，当 U 为用户，P 为用户时，就是用户间的通信场景。如果不懂这个公式，看到的是熟人通信、陌生人通信、兴趣社交、爱好社交等并列式的产品；如果互联网人懂这个公式，第一个想到的便是最根本的“自由通信”，随即推导出二级子需求“直接通信”与“条件通信”，再从“条件通信”又可推导出三级子需求，即“钱为条件”的通信产品，比如当前的在行等产品。

（二）创建平行网络

基于此公式，连接的介质使用平台属性特征，则创造出来的是以当前平台为主体的垂直网络，具体的产品是垂直产品，核心思考点是如何让更多的用户基于本平台，在本平台疆域范围内进行网络行为。基于此公式，连接的介质使用信息自有特征，则创造出来的就是以用户为主体的平行网络，具体的产品是平行产品，思考的是如何让网络行为能力跟随用户自身存在，用户自主决策在全网范围内的网络行为。创建平行网络不仅仅是把连接介质的属性由“平台属性特征”改变为“信息自有特征”，更需要具备用户互联网思维。如果互联网人只有当前的平台互联网思维，就很难理解这个公式所要表达的意思，也很难理解如何让用户自身具备网络能力，更难以发现各个领域的根需求是什么。

如何运用这个公式呢？我认为互联网最重要的不是连接，而是确定两个连接点之间的关系，因为任何网络行为都必须基于两个连接点之间的关系。要掌握两个连接点之间的关系，必须要“懂 U”且“懂 P”。

1. 懂 U

懂 U 为个体用户，怎么懂 U？大数据的目的是懂 U。

2. 懂 P

懂 P 的核心在于做标准化，标准化的目的是确立品牌注意力，也便于让 U 能够主动找到。用户互联网做的“线条工具”（特定时间内具备明确获取规则和输出唯一结果的功能服务）的目的就是让 P 标准化。

3. 连接

在垂直连接的基础上，建立平行连接。垂直连接与平行连接如表 0－1 所示。

表 0－1　　垂直连接与平行连接

	垂直连接（平台互联网）	平行连接（用户互联网）
连接介质	平台属性特征	信息自有特征
连接位置	特定固定位置	当即场景位置
连接方式	间接连接	直接连接
连接条件	有关系连接	有无关系皆可连接
连接范围	平台区域	全网范围
连接管理	中心干预管理	以自连接方式为主

4. **匹配**

匹配策略的目的是让连接双方发生合理的共同网络行为，为一方匹配更准确的另一方。匹配包括匹配策略、路径选择、P 的最优体验形式、成本付出与对冲代价等。其中，匹配策略很重要，会成为平行网络时代的关键竞争点。

二、我时常思考的问题

（一）我们需要一个什么样的互联网

①我们需要一个什么样的互联网?

②互联网总要改变的，往哪里发展?

③如何使用户自身拥有基础网络能力，而不是提供平台性质的产品?

④明确网络主体之间的关系，尤其是如何处理商业性的中心平台与用户之间的矛盾。

⑤垂直业务是否可持续，平行网络和平行产品是什么样的?

⑥能否创造全网性的通用交互方式，并赋予用户自由连接?

⑦用户如何决策自己的网络行为，而不受制于平台垂直管理和边界的限制？

⑧全网性的问题，如信息真实性、隐私保护等不是单个平台可以解决的，如何解决？

⑨互联网从业者该如何改变？

⑩如何提升网络的基建效率、注意力效率和连接方式效率的提升方式？

⑪如何做好网络环境的治理、法制建设？

……

（二）信息互联的问题

1. 连接问题

（1）连接介质的定义和选择

连接介质是双方交互的桥梁，当前的连接介质是平台属性的，这也是用户受制于平台的根本原因。在平台属性的连接介质合理存在的情况下，如何建立用户属性的连接介质？用户属性特征如何定义成连接介质，选择的依据和可流通的范围是什么等，都是亟待解决的问题。

（2）“信息介质”与信息的连接匹配问题

任何信息自身明确表达的意思，都可以作为信息介质，也都需要与其关联信息进行合理匹配，匹配策略的选择至关重要。此匹配问题涉及通信、交易、信息等几乎所有领域。

（3）可实现全网跨平台连接交互的平行产品方案

当前平台的产品都是孤岛垂直化的，但其中的内容和信息粒子大多是相同的，只是其组合集聚后表现的属性不同罢了。例如，金刚石和石墨本质都是碳，只是排列方式不同，所以表现了不同的性质。如何基于这些信息粒子（自身的特性）实现全网性的连接交互，提供平行产品，这是个值得思考的问题。

2. 单方行为

（1）个体用户的信息表达和诉求形式

个体用户具有自由表达的权利，要明确其表达内容的诉求是什么，是无目的性的自我需求流露还是有目的性的专业输出等，以及如何匹配以最优秀的内容表达形式。

（2）内容被动获取的用户可决策问题

便利性和无主动需求的情况下，被动获取成了用户获取内容的主流方式。鉴于信息对用户价值观和认知塑造的影响极大，被动获取的治理问题，谁来决策用户被动获取哪些信息则至关重要。需要对算法推荐、内容自身的关联性、用户自主设置等所有相关因素进行合理的组合和权衡。

（3）主动搜索的标准化和准确化问题

这需要对用户主动表达的需求有较强的理解能力，比如对关键字的准确理解等。同时，要考虑搜索结果准确性和实效性，搜索的入口位置和搜索结果的表现形式，搜索内容的标准化管理，搜索结果提供者的需求问题（一般是商业需求）。

（4）主动获取信息的位置问题

主动获取信息是需要到固定入口进行（转场到特定搜索引擎入口），还是在当即场景处完成（不需要转场）。

3. 多方行为

（1）双方间的自由通信问题

自由通信是指主动联系方可以直接或通过明确已知的有效路径实现与任何被联系方的交互并能对其产生影响。关系链是用户最核心的资产，但关系链不等于通信录。通信自由是互联网的本质需求，核心在于如何设计自由通信的匹配策略。这个问题是通信工具最核心的问题，自由通信匹配策略的变革会让通信实现全网化，这是非常令人兴奋的问题！

（2）多方组织与建立和效率协调问题

多方组织与建立和效率协调涉及以下几个方面。

第一，多方间的信任问题。

其涉及身份真实性凭证、数据行为、各种标签等单向数据披露（主动方单向披露，被动方无须披露）用以对冲建立信任所需要的时间和共同经历。此外，涉及信息信任、商品信任、交易信任，以及人与人之间的通信信任等。

第二，多方间的交互存证问题。

多方交互的行为产生，必须要有交互规则做依据。这些规则的制定和更改等都需要进行存证，便于制约以及为事后纠纷提供证据。

第三，多方间交互记录的管理问题。

交互产生的共有行为、数据等如何管理，涉及多方的利益和保护，存证只是基础，治理才是核心。谁来记录、拥有，该内容在交互方都知道的情况下，如何避免一方通过内容“挟制”另一方等都是交互记录管理的难点。

4. 交互方式

（1）内容的表现形式

同样的内容，表现形式的不同会极大地影响用户体验和内容的传播效应。文字、图片、视频等没有优劣之分，需要契合内容自身的性质和需要进行匹配。

（2）“信息介质”与信息的交互表现问题

信息介质与信息的连接，需要友好的交互方式，通常指如何通过信息介质更好地呈现相关的信息内容、呈现位置的选择和呈现方式的选择等。

（3）人机交互的体验

主要指人机一体的交互和人机分离的交互、交互的位置和方式等。

5. 影响力问题

主要指个体用户的影响力表达，位置、传播路径与边界问题；个体用户所受影响力的可能路径来源问题；产品创作者通过产品对用户的影响力治理问题等。

（1）内容和影响力的治理

对已造成实际影响的内容的治理至关重要，尤其是已产生影响的不良信息、谣言等。

（2）影响力的表达方式

当前平台垂直管理的方式，使用户影响力有限且受制于平台的主观意志和边界。如何建立用户的影响力，基于信息内容自身的特性在全网范围实现自由传播和表达，是非常重要的。

（3）影响力的使用和变现

影响力蕴藏着巨大的价值，商业化变现的本质是通过影响力来实现的。个体影响力的发散变现方式与平台影响力的集中变现方式不一样。

6. 治理

（1）内容治理

内容创作在尊重创作者自由表达的同时，更要思考对信息消费者的影响。专业内容的创作标准、信息超生治理、分发或推荐方式、消费、收益以及后续可能存在的影响力治理（营销、留存）等，都值得详细思考。

（2）各方自治

各方主体尤其是用户，应当拥有网络行为的自主决策权，信息获取的自主决策权，行为数据、账号资产的自治、自护能力等。

（3）科技本善

各方网络参与主体尤其是用户，应当了解如何运用科技实现自我保护。简单来说，技术不仅仅是平台使用，用户也有自主权，可以自主选择应用于自身的技术。

01

第一章

互联网往哪里走

第一节　互联网发展阶段

互联网从诞生发展至今，一共经历了三个阶段，即朦胧期、发展期和成熟期。

一、朦胧期

从20世纪50年代到20世纪90年代，互联网处于朦胧期，只是供军方或少部分人使用的工具，大多用于科研领域，尚未被广泛地使用，也未对用户提供专门的网络服务。

在此阶段，有两家美国公司值得一提：美国在线和瀛海威时空。美国在线曾因收购了著名的时代华纳公司而轰动一时，瀛海威时空则将互联网这个概念普及给大众。

虽然在互联网的朦胧期，许多概念还没有形成，各方面建设也不完善，但是互联网已经开始逐渐影响人类，并为之后的发展打下了坚实基础。

二、发展期

真正使互联网得以快速发展的是个人计算机（PC）的诞生，这让普通用户能够近距离接触互联网，由此 PC 互联网时代到来。随着智能手机的诞生，人们又进入移动互联网时代。

20 世纪 90 年代，互联网进入发展期，以平台为主，网络产品服务真正地走入千家万户，渗透到人们生活的方方面面，深刻地影响和改变了用户的生活方式。该阶段互联网人的主要任务是为用户提供全面而极具体验的网络产品服务。

三、成熟期

当前互联网已经进入成熟期，各种网络基础设施基本完备，网络产品服务也足够满足用户需要。如果说互联网发展期的目标是让用户“用上”网络产品服务，那么互联网成熟期的目标就是让用户“用好”网络产品服务。用户互联网的意义就是让用户“用好”互联网。

互联网的出现，相当于人类历史经历的又一次“技术革命”。人人离不开互联网，互联网早已经改变了人类的生活。在中国，互联网有着蓬勃的生命力。新华网客户端提供了这样一组数据：截至 2020 年 6 月，中国网民规模达 9.4 亿人，相当于全球网民的 1/5，互联网普及率达 67%，约高于全球平均水平 5 个百分点；网民中使用手机上网的比例为 99.2%。如今，中国的网民数量还在进一步扩大。

如今，互联网用户仿佛已经成为人类知识的“仲裁者”，不仅可以在网络上创建知识词条，甚至还能给提问的网民提供答案。在社交方面，微信、微博、抖音等软件的出现，给人们提供了一种“互联网虚拟生活”，全新的“数字化”世界已经出现。对于政府、企业而言，大数据的运用也为其发展找到了一条更“精准”的道路。

但当前的互联网又称为平台互联网，即平台是网络的主体，主导网络发展，定义网络规则，而用户则寄生于平台，有时甚至没有独立性可言，受制于平台，沦为为平台创造利益的不竭资源。

在以流量广告为主要盈利方式的模式下，每一个网络平台都在拼命研究怎样吸引用户的注意力，不断研究人类的成瘾机制，生产“电子鸦片”，诱导用户产生依赖。随着人工智能技术的不断发展，平台通过算法可以了解、影响乃至“控制”每一个用户。更重要的是，平台的这种行为会深刻影响后来者，后继创业者亦步亦趋，坚持以利益导向。对于用户而言，其受平台影响，容易沉湎在“电子鸦片”中无法自拔，甚至可能逐渐丧失独立的意识，更有可能失去自我保护的能力。长此以往，整个互联网将走向难以想象的深渊。

第二节　中心平台

互联网发展初期要求集中力量办大事，中心平台可以很好地承担起这个使命，快速地完成网络服务建设。中心平台反映了互联网发展的初期特征，既有优点，又有历史局限性，甚至还带来了很多负面影响。正确、全面地认识中心平台，是非常重要的。

一、中心平台的正向价值

中心平台很好地承担了互联网发展初期的使命，也展示了积极的、正向的价值，具体表现在以下几个方面。

第一，中心平台在之前互联网发展中起到了决定性作用，为用户带来了全面且极具体验的产品服务。

第二，中心平台为主体确实在互联网发展前期可以集中力量办大事，有利于提高服务效率，促进网络快速发展。

第三，中心平台在某一领域的绝对优势也可以避免信息杂乱无章，真假混杂，让用户无所适从。

第四，中心平台完成了几乎所有互联网所需的基建工作，为用户互联网的发展打下了基础。

二、中心平台的负面影响

平台为中心是互联网发展的“初级特征”，那么当互联网进入成熟期后自然要改变这一情况。因为，任何一种事物都有其优点和缺点，中心平台也不例外，其负面影响具体体现在以下几个方面。

第一，中心平台垄断不受限制，可以做任何事；而用户受制于平台。

第二，中心平台的第一追求是商业化，不会承担对用户的根本责任。

第三，在中心平台眼中，用户是资产，中心平台对待资产的态度往往是掠夺而不是尊重。

第四，中心平台表面对用户提供一定的保护，实则是为了保护自身对用户独有的权益，究其根本，中心平台的第一诉求是维护自身利益而不是保护用户；同时，中心平台受垂直限制，也不具备完全保护用户的能力。

第五，用户没有拒绝的权利，更没有拒绝的能力，在潜移默化中会逐渐丧失争取权益、拒绝侵犯的意识。这也就很容易解释部分中心平台存在自由收集、泄露、处理、交易、变现用户信息数据等乱象，用户无能为力，只能任其作为。

第六，圈地思维指导下，存在产品重复、恶意竞争、资源浪费严重等问题。个别企业只追求自身发展而不考虑互联网整体发展需要，致使互联网行业服务原地踏步而难有新突破，由此也会带来一系列业务垂直瓶颈。

第七，中心平台创造和引领的网络氛围给用户及后续创业者带来价值观上的消极影响，使后来者亦步亦趋，只重商业利益而不尊重用户，“圈粉”用户优先于提供对口服务。

三、中心平台的局限性

以平台为中心是互联网发展初期的“产物”，中心平台既有功能上的缺陷，也有技术上的不足。总体来看，中心平台存在的局限体现在以下几个方面。

第一，平台思维下，用户与中心平台的不对等关系无法解决。

第二，中心平台虽在某一领域具备垄断的能力，但其发展上限是在垂直领域成为一方诸侯，上限瓶颈一目了然，难以跨越周期性，影响其长久发展。

第三，平台互联网的效率顶峰只是“音速”，受平台思维的影响是不可能发展到“光速”的。

第四，不同服务商提供的服务之间存在边界，严重阻碍用户在不同服务间快速自由切换。

第五，内容严重受制于入口，甚至丧失独立性和该有的表达性。

第六，信任问题 、隐私保护、数据泄露、信息欺诈等问题亟待解决。受平台思维的影响，技术发展和应用无法从根本上解决这些现存问题。

随着互联网技术的继续发展，人们一定会找到更好的解决方式，帮助互联网用户降低使用风险，加强安全保护，突破瓶颈，解决用户与中心平台的不对等关系。

第三节　垂直网络

当前的平台互联网是垂直互联网，业务形态是垂直化发展的，所有的产品也都是垂直产品。用户必须在同一平台，并通过平台账号才能建立连接，通常不同平台之间的用户是无法建立连接的。用户全网性的网络行为受限的根本原因在于无法脱离平台的账户体系，即用户必须以平台的账号作为彼此的连接介质。

垂直网络意味着各平台间疆界清晰，各自独立，这也是互联网在发展期的要求决定的。垂直对平台来说有利有弊，一方面，可以保证平台在某一领域的垄断地位；另一方面，严重限制了其在其他领域的发展空间，无论是“跨域”还是“出海”，都将面对垂直业务领域的强劲对手。

如何理解垂直呢？简单来说，垂直等同于在细分领域专注。尤其在互联网消费领域里，垂直意味着专业。例如，比较有名的垂直网站美团，初期专注团购及外卖领域，给众多消费者提供购物、订餐等便利，并且拥有强大的“配送”网络。还有淘宝网，淘宝网是一家世界知名的购物网站，许多年轻人都在淘宝网开店或者购物。因为专注购物，淘宝网也形成了强大的品牌光环，当人们提到网购，就会快速联想到几家著名的网购平台，如淘宝、京东、苏宁易购等。

一、垂直带来了定位

无论是一家怎样的互联网公司，当它选择垂直网络方式，也就选择了某个特定的行业，并且在这个行业领域内进行标签化，标签化的过程就是定位的过程。

二、垂直带来了优质用户

当前互联网处于流量时代，每个人都会选择自己喜欢的或者适合自己的产品服务。一方面，从事互联网工作的互联网人需要拥有较强的专业能力，在自己熟悉的领域内创造产品；另一方面，垂直产品将会定向筛选更多优质的垂直领域用户，提高后续商业变现潜力。

三、垂直带来了生态

有人说："任何一种生态都需要天时、地利、人和。"天时就是打造垂直标签，对自己进行定位；地利就是根据标签做内容，形成平台；人和就是提供专业度强的个性服务，吸引用户入住。天时、地利、人和都具备了，生态也就产生了。

任何事物都有两面性，尤其是互联网已经发展出了生态型的巨头，几大巨头几乎掌握了网络服务在所有垂直业务领域的创造、分发、流量获取、推广等过程，更在人才、资本和技术等方面具备绝对优势。如果不能创造出新的互联网时代，在当前的互联网规则下，后来者将难以与它们竞争，终将沦为其附庸者，创业的最终状态也只是在为巨头打工。

第四节　互联网从业者

互联网从业者是指从事网络服务相关工作的群体，互联网的高速发展使很多相关职位应运而生。当前互联网处于成熟期，产品和业务大多处于稳定期，缺乏大的创新机会和产品创造浪潮，大多数从业人员本质上都在从事“运维”工作，即维护当前平台互联网基础服务产品稳定运行。

互联网从业者分为员工和创业者。员工不用多说，为公司服务，获取报酬，不用过多思考互联网会发生什么变化，也不用思考互联网的发展道路，只要能稳定工作就好。创业者则可分为两种，一种是为平台服务，站队平台，依托平台的流量和支持，完成产品输出，跟着平台“喝汤”；而另一种是学习平台所谓的“先进思维”，探索用户上瘾机制，学习“裂变式增长”方式，千方百计地圈住用户，从而实现快速收益。

只有处于互联网行业的人才知道，互联网行业的压力到底有多大。互联网从业人员工作节奏快，还有各种潜在的危机。其中有三大危机令互联网从业者感到头疼与不安。

一、裁员危机

互联网红利消退，产品趋于稳定，创新机会少，加之互联网从业门槛降低，培训机构多如牛毛，互联网人才已经呈现“供过于求”的局面。

裁员有时是企业不得不做出的选择，但个别企业的裁员方式是不负责任的，强制裁员、套路裁员、威胁式裁员（如离职证明威胁）等，使员工不能得到合理的补偿。

二、换工作危机

大多数人无论是主动还是被动，都可能会经历工作的调整。但在整个职业生涯中，随着年龄的增长，通常换工作的成本和压力越来越大。

三、年龄危机

互联网行业偏爱年轻人，年轻人虽然经验较少，但充满干劲和激情，没有太多束缚，能胜任较高强度的加班和出差，且经过培训后大多可以胜任互联网大部分的岗位需要。而老员工的薪资要求较高，且可能受家庭影响，不能胜任较高强度的加班和出差，性价比逐渐低于年轻员工。所以，大多数的互联网企业普遍喜欢淘汰大龄员工，转而通过大量招收应届毕业生来平衡用人成本。这导致互联网从业者的“职业生命”大幅缩短，中年危机由此而来。

在网络产品基本大局已定的情况下，大多的互联网从业者不敢冒险创业。精英创业时代的到来，使创业门槛变得越来越高，“草根”创业者更难有作为，加之不敢改变现状，从业者的雄心壮志逐渐被消磨。

第五节　网络环境

当前的互联网环境可以用“乌烟瘴气”这四个字来形容。平台逐利是理所应当的，但应取之有道。平台不该通过输出产品研究用户、深耕算法控制用户、为了盈利侵犯用户的隐私等，更不该通过舆论控制能力输出平台意志，封禁对己不利的内容，影响用户认知。

当前的互联网环境是糟糕的，但可以改善。有些互联网从业者已经充分认识到这样的问题，那些为了自身利益而损害用户利益的行为已经造成了反噬。因此，网络环境想要得到彻底改善，就需要从以下几个方面做出改变。

一、以用户为中心

用户才是互联网最根本的主体。如果这一点发生了改变，互联网环境就会变得糟糕。如果互联网环境的提供者能够理顺商业逻辑，以用户为中心，减少对用户的无辜骚扰，以算法服务用户而非控制用户，减少对用户隐私的侵犯，网络环境将得以改善，这样才能与用户建立长久稳定的共存关系。用户是服务对象，互联网环境是一种服务环境，而不是一种“损人利己”的环境。

二、减少舆论控制

网络环境是一个平等的、公开的、自由的环境，在这样的环境下，应该给用户提供更多的“权限”。但是当前网络环境的提供者寄希望于制造一种舆论，强行引导或者控制用户，让用户倒向网络环境的提供者，或者以此“绑架”用户，这是非常可怕的行为。因此，网络环境的提供方要减少舆论控制，将话语权交给用户，让用户主导舆论方向，真正体现网络环境公平、透明、公开、自由的特点。

三、保护用户的表达权

许多用户反映："我发布的文章，又被删除了！"其实，许多文章并没有社会危害性，也没有违反法律，只是文章中的某些内容不利于某个人或某个公司的利益。为了消除这种所谓的"负面影响"，部分网络环境的提供者对用户发布的内容进行强制删除。

第六节　网络主体的关系

在平台、用户、监管等网络主体中，最重要的关系是平台与用户的关系。当前的平台互联网，所有的产品服务都是平台提供的，用户离不开也改变不了这一情况，导致用户完全受制于平台。

一、线上身份

线上身份是用户参与互联网的身份证和通行证，用于标识个体用户的真实性和独立性。线上身份也是使用互联网服务的基础，也是平台与用户交互的需要。但当前线上身份存在以下弊端。

第一，全点注册，在平台上，用户使用产品前要注册，严重阻碍用户在不同产品服务间快速切换。

第二，收集信息导向，平台从用户注册开始便在收集用户信息，注册时往往要求用户提供姓名、手机号码，甚至提供身份证号码和住址等。

第三，不同平台认证和验证标准不统一，各自为政。

第四，平台有提供账号和收回账号的权利。

第五，身份信息存在泄露风险，平台良莠不齐，个别平台不能有效管理和保护用户信息，造成用户身份信息泄露等。

二、服务规则

应该很少有用户完整阅读过各种平台产品的“软件许可和服务协议”(简称协议)。因为这些协议往往存在以下几个特点：其一，这些协议是不对等的，由平台单方提供；其二，平台随时可根据自身情况对协议进行修改，且协议的最终解释权归平台所有；其三，用户不能拒绝，用户要想使用该平台产品就必须无条件接受这些协议。当然，产品实际使用中的规则更是无处不在，如会员的特权服务等，平台可以针对不同的用户提供差异化的内容。这么说吧，只要用户使用互联网，就必然受制于平台制定的这些规则。

三、不平等权利

用户在使用互联网服务中享有哪些权利，又要承担哪些义务？平台在提供服务的同时需要承担的责任有哪些？规则往往由平台制定，用户不能参与规则的制定但必须遵守规则；平台不受用户约束，但用户受制于平台；平台掌控用户数据和账户资产，用户却不能自治；平台侵犯用户的隐私，用户却不能很好地进行自我保护。在以平台为主体的互联网中，用户与平台的关系是不平等的。

四、平台利益导向

平台毕竟是商业组织，提供优质服务的本质目的是盈利。但平台用户不应该无限制、无底线地对用户进行压榨攫取。搜索引擎的竞价排名，使用户甚至可能分不清哪些是内容哪些是广告，更分不清真真假假。恶意捆绑营销、各种未经确认静默下载的软件、弹窗广告、哪怕开了会员之后依旧有会员专属广告、大数据“杀熟”，这些乱象是存在的。平台往往通过双标、排他性来限制竞争对手，个别平台甚至完全视用户为无物。

五、用户被侵犯

用户被侵犯已经司空见惯，平台通过这种方式收集用户身份信息，获取用户的姓名、手机号码乃至身份信息，了解用户，最大限度地获取利益，毕竟数据就是互联网领域的石油。允许软件访问手机各种权限，无异于允许平台收集手机本地存储的所有信息，收集并整理用户在产品内的行为数据。平台构建用户画像，从而进行精准营销广告推荐、大数据“杀熟”等；甚至有的平台利用用户数据进行非法交易等。例如，一些不良手机 App（应用程序）可在用户不知情且无须系统授权的情况下，利用手机内置的加速度传感器来采集手机扬声器所发出声音的震动信号，实现对用户语音的窃听。

六、内容决策

在线上用户看到的可能是“剧本”和“演员”。

用户在线上看到的内容，具体可分为两类。一类是用户决策的主动内容，包括用户自己创作的内容、关联好友创作的内容和主动搜索的内容。这些内容获取是用户自我主动决策选择的。另一类是平台决策的被动内容，指的是平台为用户推荐的内容，推荐规则由平台制定，从早期的内容分类逐步发展到当前的智能推荐。

当前最令人担忧的是，内容全部被平台控制。用户能看到什么内容，由平台说了算。平台通过内容占据用户心智，如果平台只想着如何“收割”用户，则很容易给用户，特别是青少年用户树立错误的价值观。

七、资产不受保护

用户在互联网上的资产具体可以分为以下几类。

第一，账户真实资产，比如支付宝、微信或银行卡中的余额。

第二，数字作品资产，比如在平台发布的动态、文章或短视频等。

第三，数据资产，既包括身份信息，也包括行为数据。

由于这些资产全部需要依托平台，平台具备侵犯用户资产的能力和可能性。由于账户真实资产是钱，用户有较强的保护意识，法律对此也有所保障，正规平台不会侵犯用户的账户真实资产。但平台可以根据自身的影响力，对用户的数字作品进行推广、屏蔽或是删除。数据就更不要提了，平台把用户数据视为自己的核心资产，比用户自己还重视。

八、舆论控制

互联网时代，平台深知话语权的重要性。尤其是行业巨头，更是唯恐掉队，渴望全面控制用户，操作平台内的舆论导向。平台相当了解用户，在平台眼中，用户不过是健忘的“吃瓜群众”，时间一长，热度下来了，气也自然就消了。平台往往表现出强大的公关力量，删帖速度快，控制能力强，简直超乎想象。

九、监管体系不够健全

坦白地讲，在当前的互联网环境下，监管体系仍不够健全，平台不断追求自身利益最大化。

十、用户不能自治

用户在互联网上的行为要受到相应平台制约。产品方面，产品具备什么功能，由平台自行做主，用户不能参与。比如，发送消息后是否显示“已读”，对不同用户有不同的影响，但用户不能对该功能进行自主选择。技术方面，技术的发展和应用完全取决于平台。比如人脸识别技术，平台通过人脸识别技术对用户进行身份认证，这固然方便很多。但从用户角度说，由此可能会带来一系列侵犯肖像权和信息泄露问题。数据方面，用户的所有数据全都在平台的服务器中，用户不能自己管理，而用户一旦离开该平台，这些数据就没了。

第七节　不可持续发展

从互联网的现状可以看到，以商业性质平台为主体的互联网是不具备可持续发展能力的，具体表现如下。

一、平台与用户关系不对等

当前，所有的产品服务都是平台提供的，用户离不开也改变不了，其行为和资产受制于平台。甚至可以说，平台决定了一切，用户只能在平台的塑造下，变成“平台性用户”。由此，也产生了两个问题。

第一，用户放弃自治权限和能力，让平台决定一切、掌握一切，平台“为所欲为”。

第二，垂直平台之间各自为政，更产生了“垄断”，使平台和用户之间的关系越来越不对等。

二、商业平台以利益为导向

商业平台的第一追求是利益，而用户是平台创造利益的不竭之源。平台将用户视为私有资产，通过机制控制和占有用户。平台越了解用户，则自身收益越高，平台会不断获取用户行为数据，个别平台甚至会侵犯用户隐私。

三、不可调和的矛盾

当前还存在两个矛盾：一是用户的自我保护能力与平台的商业第一追求的矛盾，二是信息自由的本性与传播路径的平台化分层割裂的矛盾。虽然目前大多数用户对身份隐私和数据安全有了较强的自我保护意识，但平台与用户之间关于隐私和数据的矛盾是不可调和的。如果随着时间的流逝，平台日益频繁侵犯用户隐私，用户终将爆发，必然会引起变革。

第八节　垂直业务瓶颈与全网性问题解决

一篇名为《垂直电商消亡史：做不下去的公司，都逃不过这些原因》的文章提供了这样一组数据，2010年，华平投资合伙人黄若预言，过去十年电商主要是平台的成功，但未来十年属于细分市场。市场上的各种垂直电商百花齐放：特卖垂直的唯品会、美妆垂直的聚美优品、鞋类垂直的乐淘、酒类垂直的酒仙网、网酒网、1919，包袋垂直的麦包包……十年过去了，垂直电商却不断传来坏消息。奢侈品电商尚品网2019年宣布7月底暂停服务，美妆垂直电商乐蜂网将于2019年9月18日停止运营，京东旗下的奢侈品电商toplife在2019年7月关闭，与全球奢侈品购物平台Farfetch合并。奢侈品电商寺库多元化转型困难重重，2019年Q1① 净利润同比下降39%，成本增速远超营收增速；唯品会目前市值距高点下降约1/3，2019年第一季度的营收、成交额、订单量等核心数据均有所下滑；这几年看似发展不错的跨境电商网易考拉的前途也笼罩上一层阴影，"阿里收购考拉案"双方谈崩，最终去向成谜。由此可见，许多垂直电商遭遇瓶颈，甚至倒在了瓶颈上。

与此同时，国内互联网行业发展至今，已经形成了一个较为成熟的发展体系。产品服务上也出现了国民级别的产品，尤其是在通信工具、电商购物、支付工具等领域，这些产品早已不再是单纯的工具产品，而是生态产品，其服务能力触及用户网络生活领域的方方面面，足够完备和强大，被替代的可能性微乎其微。在垂直业务上，海量的竞争者也在进行同质化竞争，产品自身不再是最核心的壁垒，资本和流量占据更重要的位置。业务跨界难，各垂直领域都已有头部平台；业务出海难，平台通过产品对用户有强大的影响力和控制力，严重威胁出海地域用户和国家的网络安全。

单个平台无论多强大，都无法解决全网性的问题，诸如用户身份和隐

① 即第一季度。

私泄露、数据安全性、网络信息真实性低、信息骚扰等。单个平台的上限能力是保障本平台内网络安全，但上述问题是全网性质的。以数据泄露为例，一旦数据在某一平台泄露，近似于在全网所有平台泄露。加之网络平台众多，良莠不齐，利益导向，信息泄露是很容易发生的。由此可见，网络环境和网络平台，还存有许多目前尚且无法解决的难题。

第九节　我们需要一个什么样的互联网

既然网络环境和网络平台存在各种各样的问题，那么我们到底需要一个什么样的互联网呢？这是一个非常值得思考的问题。

一、职责明确

网络主体的职责要明确。互联网的各个网络主体，如用户、平台和监管等第三方，定位不同，因此要明确各自在互联网的权利、义务、职责、行为规范和行为边界。简单来说，就是明确什么能做，什么不能做。

二、各方自治

在平台互联网中，以平台为主体，用户受制于平台，这是互联网在发展期以快速建设网络服务为目标的必然结果。但当互联网进入成熟期，各网络主体就必须直面关于相互之间的矛盾，尤其是平台与用户的矛盾不可逃避的问题。用户不可能永远受制于平台，否则互联网无法实现可持续发展。

完全去中心化的方式也是不对的，平台中心也是网络主体的一部分，有其存在的必然性与合理性。因此，我认为，最好的方式就是各方自治。

各方自治指的是任何只涉及单方的行为和数据，由该方自己决策，包括公共管理、独立自治和交互自治。以用户为例，只属于用户单方的行为决策完全取决于用户，如用户一对一之间的合法合规通信内容私密保护，这些内容仅用户可知，平台不可知（群内容则属于公共范围，需要监管）。行为数据等用户可能无法自己保存的内容，可托管于第三方（可信度高，且不能是商业化机构，最好是政府组织）。网络行为自治尤为重要，一旦实现，将创造一个平行网络的世界。

三、遵守法律

有法可依，有法必依，执法必严，违法必究。互联网不是法外之地，各主体必须遵守法律。法律是维护各方行为权利的保障，也是遏制侵权行为的依据。

四、智能高效

互联网的核心就是高效，但更需要智能高效。随着人工智能等技术的深入发展，机器智能时代的到来会提高网络服务效率。

五、平台提供垂直产品以及用户拥有网络平行能力

平台提供垂直化的基础产品服务，而用户自身拥有网络平行能力，用户到达任何平台影响力触达的位置可即时使用产品。

六、环境良好

当前网络环境不好的原因是多方面的，本质上是平台与用户不对等的关系引发利益矛盾。网络环境的治理也不是仅靠执行法律法规就可以完成的，更要解决职责明确、各方自治、法律建设、用户教育等多方面问题。相信随着正向价值观的引导，良好的舆论环境是可期待的。

如果以上六个方面得以实现，这样的互联网可能就是我们真正需要的互联网。

02

第二章

用户互联网介绍

第一节　为什么是用户互联网

一、用户互联网的必然性

前面我们讲到平台互联网的主体是平台，平台与用户之间存在一种不对等的关系。用户离不开平台，处处受平台制约。但是，互联网总要改变的，其主体从平台走向用户，不是任何人或组织的选择，而是互联网自身做出的选择。互联网从平台时代走向用户时代如图 2－1 所示。

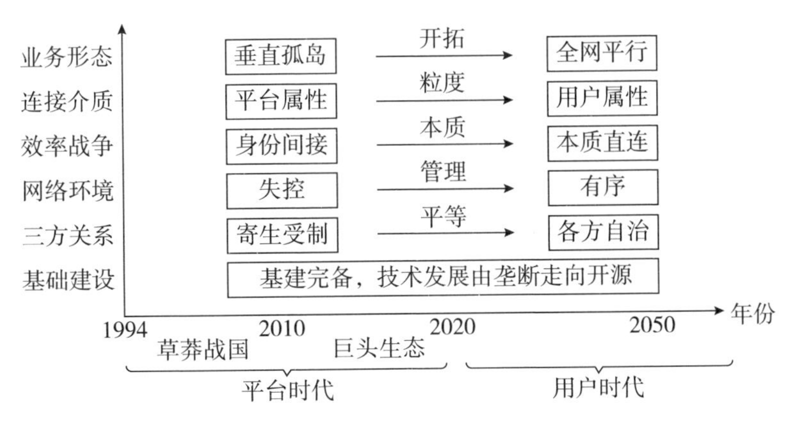

图 2－1　互联网从平台时代走向用户时代

平台为主体是互联网发展的必经过程，但这也存在着两大问题。第一，平台和用户在互联网中的关系不明确，权责不对等。平台占据主导控制地位，用户暂时放弃了自治的权利和能力，这蕴藏着不可调节的矛盾冲突。第二，网络的垂直性质致使平台间各自为政，业务独立。垂直性质在短期是有利的，可以保证平台在某一领域的绝对垄断地位。但长此以往会严重限制其在其他领域的发展空间，造成跨界难和出海难。以平台为主体与以用户为主体如图 2－2 所示。

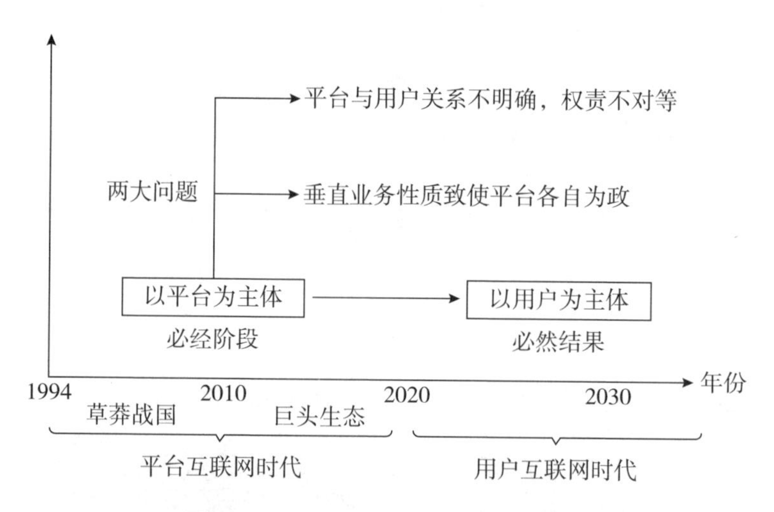

图 2－2　以平台为主体与以用户为主体

在平台为主体的朦胧期，互联网的主要矛盾是用户对网络服务强烈而广泛的需求和产品功能及体验不足之间的矛盾，一切工作的重心都是为了互联网的快速发展，从 0 到 1 建设起来，非此主要矛盾的其他矛盾必须让位于此主要矛盾。当互联网进入成熟期，各种基础建设和功能服务趋于完备，互联网的主要矛盾就会转变为用户和平台之间的矛盾。具体表现是，平台日益商业化的强烈需要与用户自我保护、自我治理需要的矛盾，信息自由的本性与传播路径的平台割裂边界化的矛盾。鉴于平台本质上是商业主体，其可能为了利益而忽视约束，且暂无必须改变的外部压力，所以该矛盾几乎无法解决。但平台与用户之间的矛盾是不能逃避且必须要解决的，各自的权利和义务边界也是必须要明确的。

互联网不同阶段的问题如图 2 –3 所示。

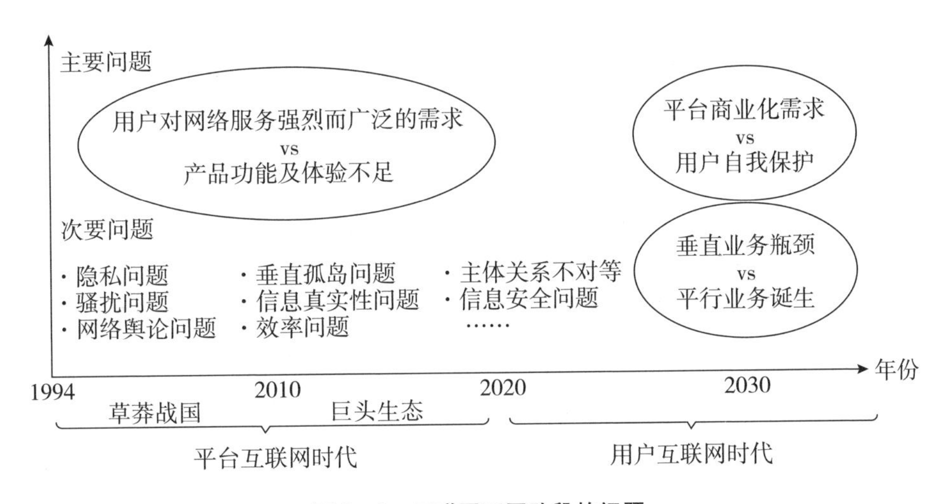

图 2 –3　互联网不同阶段的问题

另外，传统产品与网络产品有着本质区别。传统产品是一次性商品，卖家将其提供给消费者并获得收益后就完成了交易，该卖家后续不再对消费者产生直接的影响。比如，消费者买了一件服装，交易完成后该卖家并不能通过该服装对买家产生影响并对其进行控制。而网络产品并非如此，除了满足用户的需求外，平台还对用户有明显且强烈的“影响力”。这种影响力有可能会是服务优化的延长（营销和留存），也有可能是对用户的控制（基于功能服务的网络行为控制和基于完全托管式合作的资产数据控制等）。如何使用和控制这种影响力，就成了核心问题。传统产品与网络产品的影响力对比如图 2－4 所示。

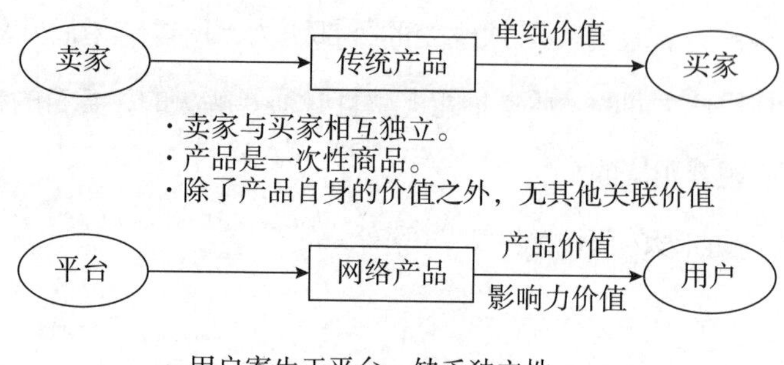

图 2－4　传统产品与网络产品的影响力对比

当前，平台互联网的影响力仍旧处于平台的控制下，平台将这股影响力与其产品进行绑定，视为附属连带功能，不予区分，同为平台拥有的合法权利。具体体现在两个方面：一方面，平台产品赋予用户的账户资产等，用户只有使用权，平台拥有所有权；另一方面，平台有能力为用户推荐乃至强制推送内容。这其实是非常危险的，必须要受到管制，否则想要实现全球化发展几乎是不可能的。平台的商业追求，促使其趋向于控制这股影响力，这样只会加快用户与平台的矛盾激发。如何才能去掉网络产品连带的影响力，保持其产品功能的单纯性，真正做到“用完即走”呢？这在互联网上是非常关键的一点，也是互联网人必须要思考的一点。

二、三大效率

基建效率（见图 2－5）：互联网从 PC 时代走向移动时代，后续还会走向万物互联的智能时代。基建的变革会带来生产效率的质变。我们可以期待终端设备从桌面走向手持，走向可穿戴甚至走向脑机连接；我们也可以期待我们的视野从固定屏幕走向任何场景下的即时屏幕，从单个设备走向全量设备。

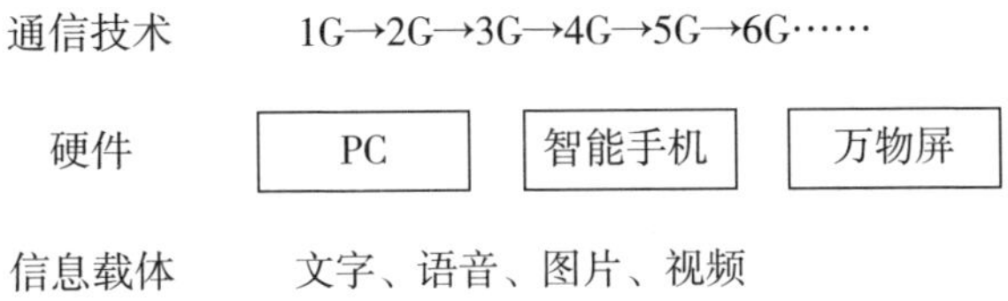

通信技术　1G→2G→3G→4G→5G→6G……

硬件　PC　智能手机　万物屏

信息载体　文字、语音、图片、视频

图 2－5　基建效率

注意力效率（见图2－6）：平台互联网的产品都可以定义为“注意力产品”，特征是平台提供统一标准的入口，用户在任何场景产生的垂直需求都可以快速通过此入口进行满足。注意力产品打造的一统化品牌，有利于解决用户对需求处理的不知所措和选择迷茫，提升服务效率。但也有弊端，平台不可能在所有领域都建设起统一的品牌和入口，尤其是在细分领域。简单来说，注意力产品打造的一统化品牌效应会随着业务的不断细分而逐渐减弱乃至完全丧失。

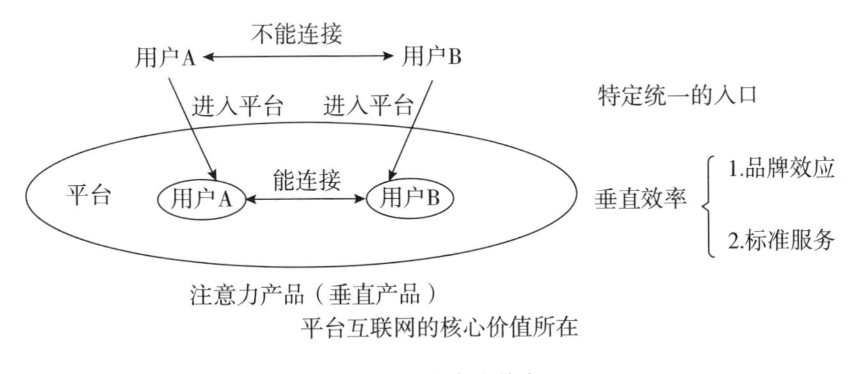

图 2－6　注意力效率

连接效率（见图2－7）：在平台互联网中，用户间、需求和服务间都是通过平台间接连接的，而用户互联网追求的是直接连接。虽然区块链和用户互联网都追求点对点直接连接，但本质是不同的。区块链思维下要做的是去平台中介，实现用户之间点对点连接；而用户互联网思维要实现的是任何互联网独立因子之间的直接连接，粒度更小，追求的是在触发需求的场景位置处，通过触发因子在不需要转场的情况下，即时完成连接。

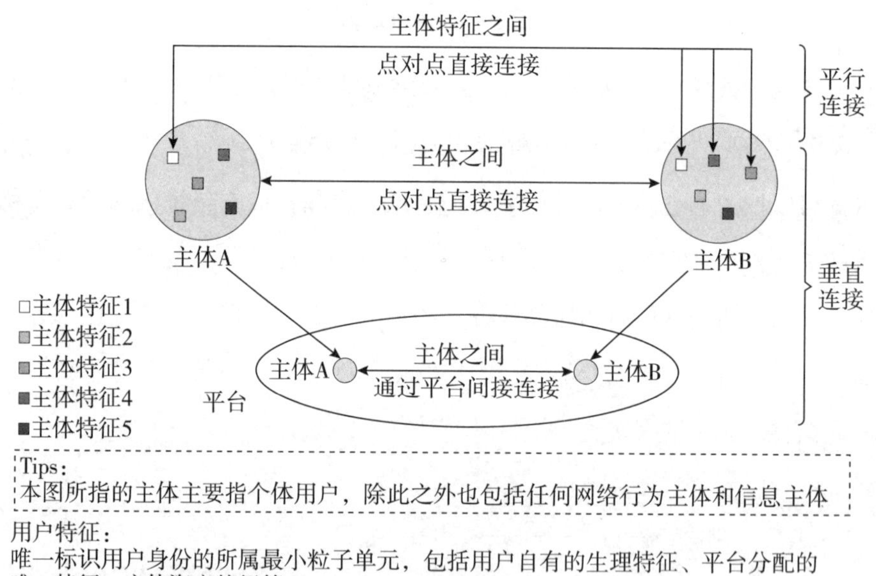

图2－7　连接效率

三、互联网需要解决的问题

1. 新领袖问题

毕竟平台具有商业性质，且当前依旧有许多互联网人仍坚持圈地思维，并没有强力的主观意识或意愿做出主动改变，而是为了利益最大化，寄希望于外部客观条件推动，再择机进行被动改变。但对胸怀统一的人来说，投机选择却是不可取的发展策略。

平台竞争策略是“挟产品以令用户”，几乎所有的重心都在研究如何占据用户心智，几乎所有的精力都在思考如何更好地圈地竞争，因而无视大局，无视互联网发展的根本需要，更无视互联网对其提出的要求和担当。

平台这种“挟产品以令用户”的状态不会长期存在，用户也不会一直受制于平台。平台不主动改变，就会被改变。互联网需要新的领袖，需要拥有互联网全局视野的领袖。他们除了思考用户需要什么，平台需要什么，还需要思考互联网自身需要什么，如何治理现存乱象。此外，新领袖还应具备用户互联网思维，积极制定用户互联网的发展策略，创造用户属性的连接和产品。这样的领袖有可能是主动改变后的平台，也有可能是新的后来者。

2. 可持续发展问题

从业务和产品上看，垂直化平台创新乏力，加之资源竞争的性价比远远高于创造竞争，导致平台陷入重复性质的无限战争。从内容上看，虽然每个人都有创造的权利，但在公共领域的内容，在价值观和思维认知培养方面，会对消费者（用户）产生深刻的影响，只尊重单方面的野蛮创造而忽视内容消费后的影响，将导致混乱无序。从主体关系看，用户受制于平台，自我决策权较弱。从影响力上看，平台掌握了较大分量的话语权，占据了平台内可能发声的位置，这也会导致用户和平台对影响力的争夺陷入持久战。

平台业务跨域出海难有两个原因，即垂直形态的业务竞争方式和网络产品的特殊性。

平台垂直思维下，平台根据不同的场景提供与之对应的垂直化产品，并在该垂直领域率先实现统一，从而奠定根基。基于此优势，进行复制，平台在其他领域输出产品直至覆盖占领，最终实现全场景统一。这种思维有其必然性，源自互联网早期必须要先垂直化提供产品完成积累，并建立超高的竞争壁垒，以资源为护城河“绑架”创新，抵制颠覆。这种思路在平台互联网时代是明智之举，但在用户互联网时代就不再明智，因为这种思路只是争霸思路而不是统一思路，只能出现多强并立的局面，短期内谁也不能战胜对方。更重要的是，这种思路会不可避免地受到源源不断的后来竞争者的冲击，各平台将陷入重复替代的循环苦战。

这种思路同样在出海道路上难以走远，进入其他国家。处在信任感几乎为零的环境，平台这种产品自带的影响力就会被无限放大，成为凌驾于产品服务之上的核心问题。

当前的平台互联网，基础建设和产品服务已经足够完善，且已到了泛滥地步，用户不缺某一款产品，也不缺边边角角的服务优化。当前互联网人的工作重心是解决整体互联网可持续发展需要的问题，而不是满足单个平台的发展需要。

3. 基础类问题和平行问题

基础类问题：具体包括用户身份、认证与验证、确权与管理、各主体权责、交互存证、数据存储和使用、内容处理（创造、分发、连接、消费等）、真实性问题、网络舆论、价值观影响、信任建设、隐私保护、网络治理、点对点担保、智能算法、查询与公示、反馈等。

以基础类问题中的内容处理为例，其内容可分为两类：创造类和线条类。创造类指的是尊重用户自主创造，在当下创作具备不可替代性、具体性、实效性和私有性的内容；线条类指的是已完成创造的既定历史内容，具备内容确定、获取方式唯一且标准、可专业化处理的性质。当下平台互联网没有分开管理这两类内容的意识，导致信息内容混乱、重复等问题层出不穷。用户在需要的时候可能无法找到最佳途径，在不需要的时候又可能重复消费，尤其是一旦内容加上不同的平台属性烙印，会导致用户无所适从和价值获取受限。

平行问题：具体包括连接重构、新的需求处理方式、用户属性的产品定义、全网入口的注意力管理、智能标签（强穿透能力）、信息决策、去身份化、去位置化、新的下发方式、服务的表现形式、单方行为方式、多方协作方式等。

互联网的主体不应是平台，而应当是用户。为什么要构建用户互联网？互联网只有以用户为主体，提供安全网络环境，保护用户的数据和隐私，提升用户的体验度，才能真正回归其本质。

第二节　用户互联网的定义、宗旨、特点

平台与用户之间的不平等促使人们开始呼唤用户互联网的登场，渴望打破平台式的垄断。什么是用户互联网呢？简言之，用户互联网就是以用户为主体，实现各方自治交互的平行网络。用户互联网的宗旨是为用户服务，让各主体方都拥有自治的网络权利和能力。

用户互联网，其实就是“以用户为主体”的互联网，一切以用户为中

心，用户决定自己的网络行为。当下，可能存在着一个“悖论”，即互联网公司一边宣传着“用户为本”的理念，一边在塑造忠诚度、黏度高的用户。这从侧面说明了仍旧是“换汤不换药”的平台互联网的做法，并没有发生实质性的改变。

如今，互联网已经进入了“下半场”。如果说，互联网的“上半场”属于平台，那么“下半场”就属于用户。我相信，用户互联网将会最终取代平台互联网，让用户与平台平等、共赢。

第三节　用户互联网的三大特征

当今时代是一个人人都在讲赋能的时代，互联网在赋能，用户在赋能，平台也在赋能。几年前，人们提到“互联网+”这个概念时，就有人提到，“互联网+”只有接近用户，让用户说了算，才有发展前途，才能产生“+”的价值。时至今日，供给侧已经供过于求，决定权回到了用户手里。因此，用户互联网的出现是历史发展的必然结果。用户互联网的三大特征如图2-8所示。

用户为主体	用户拥有全网性的最小单元网络行为的自治决策能力	· 创建用户属性连接 · 创建用户属性产品
各方自治	解决网络各主体之间的关系（主要是平台与用户）	· 网络行为的绝对自治 · 账户资产的相对自治 · 交互自治
平行网络	基于信息自有特征（连接介质）在全网范围内进行平行信息处理（连接&匹配）的互联网络	· 平行产品 · 平行连接 · 平行交互

图2-8　用户互联网的三大特征

一、根本特征：用户为主体

（一）重新定义连接

连接介质由独立割裂式的平台身份特征改变为全网场景内无处不在的用户属性特征，连接发生在全网任何用户影响力触达的地方，连接方式由平台垂直边界管理改变为基于信息自身性质的自连接方式。

（二）重新定义产品

除平台属性产品外，要创造用户属性产品。任何独立、完整且唯一属于用户的最小服务单元都可以定义为用户属性产品，且该产品自带连接能力。

以用户为主体的意义不仅在于让用户不再受制于平台，更在于重新定义产品及其流通形态。平台视角的产品定义和用户视角的产品定义是完全不同的。

二、基础特征：各方自治

各方自治指的是用户、平台和监管等第三方，其根本性的网络行为和资产、数据等不会受制于其他方（在法律范围内），各方在平等的基础上进行信息交互和价值交换。

公共治理是保证互联网各主体间共同和谐生活的必然要求，目的是搭建平等互利的网络基础环境。当前互联网虽有监管和法规，但相关执行体系并不完善。用户和平台的权利和义务不明确，各种交互行为和数据的归属权不明确；平台对法规运用的专业性远远超过用户，而用户使用法规的能力和意识相对薄弱等；用户势单力薄，取证难、维权难、诉讼难、耗时长等。用户与平台间这种不平等的权责关系不会长久存在。创造一个平等互利的网络环境，是用户互联网要做的事，要让每一个用户都有随时随地运用法律武器保护自己的意识和能力。当然要做到这一点，技术应用至关重要，需要一种新的穿透平台的技术。

独立自治，指的是网络各主体参与方，在法律的许可范围内，可以自主决策网络行为，掌握自己的资产，管理和使用自己的数据等。在平台互联网的认知中，这几乎不可能。但在用户互联网的思维下，这是完全可以实现的。

交互自治讨论的是网络各主体参与方，在与其他方进行交互时，产生的共同行为或数据的归属和治理问题。无论是交互载体、交互行为还是交互记录，都不可逃避地需要直面这一点。

三、业务特征：平行网络

平行网络是基于信息自有特征，在全网范围内平行处理信息（连接 & 匹配）的互联网络。以独立、有属且完整的最小服务单元粒子重新定义平行产品。用户互联网要做的是将产品和信息微粒化，去除其平台属性和身份，基于这些微粒自身的特性进行连接，不受制于平台垂直管理（干预）模式和边界范围，实现信息、社交、商品等在全网范围内自由高效连接。其意义在于，产品服务的脱平台属性和加深用户属性，产品依据自身性质具备自动处理、分发和自由流通的能力，不受平台边界和地域的限制，在最小单元即可实现完整闭环服务。

用户互联网的三大特征也相互关联。用户为主体使用的“用户属性特征”是平行网络使用的“信息自有特征”的一部分。各方自治中用户网络行为自治与平行网络中让用户自身拥有网络能力是一致的。与此同时，用户互联网的重构范围几乎涉及互联网的任何方面，但用户互联网不是完全重建，而是在已有的平台基础上为其增加自治和平行的能力。用户互联网三大特征之间的联系如图 2 –9 所示。

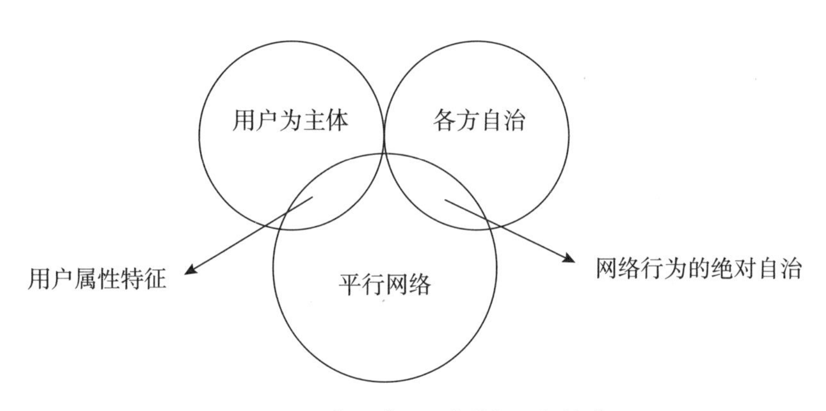

图 2 –9　用户互联网三大特征之间的联系

第四节　用户互联网目标和实现方法

用户互联网也有目标和实现方法，它并不是“空中花园”，是可以实现并被创造的东西。甚至有时候，可能仅仅只需要转变一下观念就可以实现突破。用户互联网要做三件事，即以用户为主体、各方自治和平行网络。

一、以用户为主体

与过去的以平台为主体的平台互联网不同，用户互联网就是以用户为主体。其目的在于，让用户拥有不受制于平台管理和边界的网络行为（网络连接和网络能力)，并实现自治。

如何才能实现以用户为主体呢？方法有两个：其一，创建基于用户属性特征的连接，无论是连接介质、连接位置还是连接方式，完全实现用户化，而不使用平台特征（账号等)；其二，创建用户属性的产品，平台属性产品的形态可以是 App、网站等，而用户属性产品则可以是任何独立、完整且唯一属于用户的信息元素。

二、各方自治

各方自治主要处理网络主体尤其是用户与平台之间的关系和矛盾；使用户从单向寄生走向独立自治和相对自治，打破平台的制约和垄断。

各网络主体都是网络生活的参与者，有其存在的必然性，我认为，处理各网络主体关系最好的方法是实现各方独立自治和相对自治。

三、平行网络

平行网络连接的核心就是判断两个连接点的匹配度。当前的连接和匹配策略是受平台意志影响的，利益驱动和舆论驱动无法避免，效率也受制于平台边界和范围。用户互联网要做的就是去平台意志，实现基于信息自有特征的性质的自连接方式。因此，搭建平行网络的目的就是解决信息或服务的连接与匹配问题。

如何才能解决这个问题呢？平行网络主要实现基于信息自有特征在全网范围进行平行处理（连接 & 匹配），即连接和匹配的网络行为完全由信息自身决定，信息在哪儿，连接和匹配就在哪儿发生，而不再受制于平台垂直管理和边界范围。平台互联网是垂直连接，用户互联网是平行连接，平行网络的产品为平行产品。

如果可以实现以上三个目标，或许也就能创建用户互联网，让更多与用户权益相关的项目落到实处。

第五节　用户互联网发展阶段

用户互联网是历史发展的必然。但是，一种创新事物的出现，会遭遇不想被淘汰的旧事物的阻拦。因此，用户互联网的发展不是一蹴而就的，会面临着各种竞争和压力，但趋势不可阻挡，用户互联网的发展阶段如图 2－10 所示。

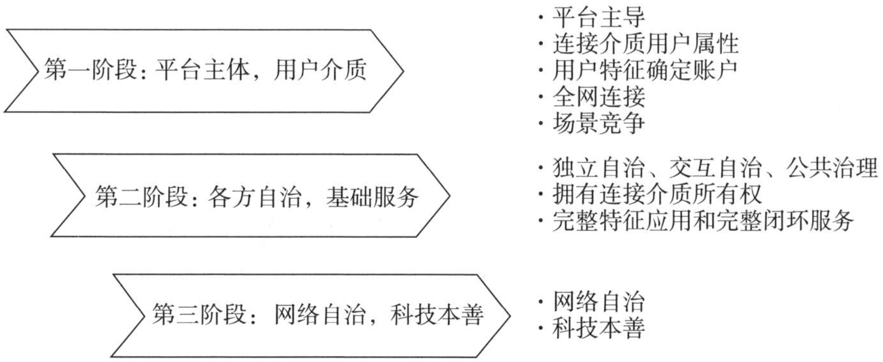

第一阶段：平台主体，用户介质
· 平台主导
· 连接介质用户属性
· 用户特征确定账户
· 全网连接
· 场景竞争

第二阶段：各方自治，基础服务
· 独立自治、交互自治、公共治理
· 拥有连接介质所有权
· 完整特征应用和完整闭环服务

第三阶段：网络自治，科技本善
· 网络自治
· 科技本善

图 2－10　用户互联网的发展阶段

第一阶段：平台主体，用户介质。

用户互联网的第一阶段，以平台为主，由平台主导推动。平台通过用户属性特征连接，将产品能力赋予用户，从而实现跟随用户进入全网。对平台来说，这也是必然的选择。鉴于用户特征的稀缺性和平行产品的全网性，平台不主动改变就会受制于主动改变方。第一阶段又可细分为两个部分，一个是平台域内平行网络，另一个是全网化的平行网络。

第二阶段：各方自治，基础服务。

用户互联网的第二阶段的核心工作是完成各方自治和满足自治的基础服务建设，实现用户、平台和监管等第三方独立自治和交互自治。自治必需的网络基础服务建设，具体涉及身份管理、认证与验证、特征关联、权限管理、交互存证、信息管理、信任建设、真实性问题、担保交易、查询与反馈等。

第三阶段：网络自治，科技本善。

要想实现网络自治，需对以下几个问题特别关注：网络的发展和引领问题、网络生态环境的创建和维护问题、网络服务的影响力管理和运用问题、全网性问题的统一治理问题以及网络穿透能力（直接触达）的建设问题。

科技本善是一种实现各主体尤其是用户自控、自护的能力。科技本善的思维是从主体角度思考，让主体在法律允许情况下，拥有在全网范围内对任何有关自己的信息和内容进行管理的能力，不受制于其他主体方。

用户互联网的真正精神是去除用户的“枷锁”，让用户“自由行走”。如果平台互联网无法被取代，会带来互联网上的灾难。科技本善也是一个哲学命题，我将会在后面章节中进行详细阐述。用户互联网的发展不是一蹴而就的，将会遭遇各种“围追堵截”，几乎任何一种“新生命体”的产生都要面临这种状况。

第六节　三种网络形态的对比

如今，互联网主要有三种不同的网络形态，即平台互联网、区块链网络以及用户互联网。平台互联网是基于平台特征进行连接的垂直网络；区块链网络是一种多方共同维护，使用密码学保证传输和访问安全，能够实现数据一致存储、无法篡改、无法抵赖的技术体系网络；用户互联网是以用户为主体，实现各方自治交互的平行网络。那么，三种网络形态到底有哪些异同呢？三种网络形态的对比如表 2－1 所示。

表 2－1　　三种网络形态的对比

		平台互联网	区块链网络	用户互联网
历史性		必经阶段	理想的一种可能	必然结局
网络性质	网络体制	平台定义一切	用户定义一切	各网络主体独立自治
	网络特征	垂直网络（孤岛一隅）	垂直网络（孤岛一隅）	平行网络（平行一统）
	连接介质	平台属性的（或赋予用户的）特征	系统属性的特征	用户属性特征，平台（或赋予用户的）特征
	发展路径	平台间重复循环替代，周而复始	各网络竞品独立竞争	各领域都有唯一一个根需求，以此推导出各子产品

续表

		平台互联网	区块链网络	用户互联网
网络性质	根本问题	垂直边界，跨界难，出海难	网络的提供方无法自治——依旧是中心化的产品，使用的高门槛，私钥丢失的不可挽回的风险，资产无保障	各方自治的实现、网络的公共治理
网络主体	网络主体关系	平台为主体、用户受制于平台（垄断）	去平台、去中心化、用户自治	基于平台、以用户为主体、各方自治
	网络行为决策	平台决策	系统决策	各方自我独立决策
	身份和数据	平台掌控一切用户数据	行为数据公开	独立私有行为数据自治、交互数据共同决策
产品问题	产品类型	注意力产品（特定的服务要到特定的平台）	注意力产品	平行产品
	产品属性	平台保障基础产品（平台属性）	自治组织、系统保障基础产品（平台属性+系统属性）	平台保障基础产品（监管下），创建用户属性的平行线条产品
	产品定义	独立产品——App、网站 寄生产品——公众号、抖音号、小程序等	独立产品——App、网站	狭义定义：以信息内容自身为连接介质，可在全国范围内连接交互的相同服务的统一集合。 广义定义：任何独立、有属且完整的最小服务单元

续表

		平台互联网	区块链网络	用户互联网
产品问题	网络产品影响力	未治理	去平台的，依旧有系统的	治理：去掉或监管或其他方式
	需求来源和判断	经验式总结 + 灵感式爆发 + 用户数据分析	经验式总结 + 灵感式爆发 + 参考平台互联网产品	从根需求推算出各个子需求，科学地计算出来的
	竞品问题	相互独立、重复替代	相互独立、重复替代	根需求唯一、推算各子需求产品的相互独立替代
效率问题	连接方式	通过平台间接连接	用户间直接连接	用户间直接连接 元素信息之间点对点直接连接
	信息匹配	平台垂直分发，平台决定分发规则	平台垂直分发，平台决定分发规则	基于信息粒子自身性质，平行连接匹配
其他	科技应用	科技向善（实质做不到）	介于科技向善与科技本善之间	科技本善
	全网性问题	没有能力解决	没有能力解决	必须解决，有能力
三种网络的联系	区块链网络是以去中心的方式解决平台互联网中心机构存在的信任风险问题，建设一个没有中心、系统自运营的网络，对平台互联网是完全替代的。用户互联网是以平台互联网为基础，在其上层创造一个用户自治、信息自由的无边界的平行互联网络。用户互联网致力于解决包含可信、隐私、用户自治等在内的所有全网性问题，并通过创建平行网络创造基于信息粒子自身的性质进行平行连接的方式，实现全网化连接并提高连接效率			

一、历史性

如果说平台互联网是历史的“必经阶段”，是前期发展的基础；那么区块链网络是一种“理想”的可能；而用户互联网则是历史的“必然结局”。

二、网络性质

1. 网络体制

平台互联网是由平台定义一切；区块链网络是用户定义一切；用户互联网是各网络主体独立自治，平等交互。

2. 网络特征

平台互联网是垂直网络，区块链网络是垂直网络，用户互联网是平行网络。

3. 连接介质

平台互联网是平台属性的特征，区块链网络是系统属性的特征，用户互联网是用户属性的特征。

4. 发展路径

平台互联网是平台间重复循环替代，周而复始；区块链网络是各网络竞品独立竞争；用户互联网是各网络都有唯一的根需求，以此推导出各子产品。

5. 根本问题

平台互联网是垂直边界，跨界难，出海难；区块链网络是网络的提供方无法自治；用户互联网是各方自治，从而实现网络的公共治理。

三、网络主体

1. 网络主体关系

平台互联网是以平台为主体，用户受制于平台；区块链网络是去平台、去中心化、用户自治；用户互联网是基于平台，以用户为主体，各方自治。

2. 网络行为决策

平台互联网是平台决策，区块链网络是系统决策，用户互联网是各方自我独立决策。

3. 身份和数据

平台互联网是平台掌控一切用户数据，区块链网络是行为数据公开，用户互联网是独立私有行为数据自治、交互数据共同决策。

四、产品问题

1. 产品类型

平台互联网是注意力产品，区块链网络是注意力产品，用户互联网是平行产品。

2. 产品属性

平台互联网是平台保障基础产品，区块链网络是自治组织、系统保障基础产品，用户互联网是监管下的平台保障基础产品和创建用户属性的平行线条产品。

3. 产品定义

平台互联网是独立产品和寄生产品；区块链网络是独立产品；用户互

联网有狭义与广义之分，狭义是指以信息内容自身为连接介质，可在全网范围内连接交互的相同服务的统一集合；广义是指任何独立、有属且完整的最小服务单元。

4. 网络产品影响力

平台互联网是未治理，区块链网络是去掉平台（依旧有系统），用户互联网是治理。

5. 需求来源和判断

平台互联网是“经验式总结 + 灵感式爆发 + 用户数据分析”；区块链网络是“经验式总结 + 灵感式爆发 + 参考平台互联网产品”；用户互联网是从根需求推算出各个子需求，科学计算出来的。

6. 竞品问题

平台互联网是相互独立、重复替代；区块链网络是相互独立、重复替代；用户互联网是根需求唯一、推算各子需求产品的相互独立替代。

五、效率问题

1. 连接方式

平台互联网是通过平台间接连接；区块链网络是用户间直接连接；用户互联网是用户间直接连接和元素信息之间点对点直接连接。

2. 信息匹配

平台互联网是平台垂直分发，平台决定分发规则；区块链网络与平台互联网如出一辙；用户互联网是基于信息粒子自身性质，平行连接匹配。

六、其他

1. 科技应用

平台互联网追求科技向善（实质做不到）；区块链网络介于科技向善与科技本善之间；用户互联网是科技本善。

2. 全网性问题

平台互联网没有能力解决，区块链网络也没有，而用户互联网有能力且必须解决现存的全网性问题。

七、三种网络的联系

区块链网络对平台互联网是完全替代、推倒重新建设；用户互联网是以平台互联网为基础，在上层创造了一个用户自治、信息自由的无边界的平行互联网络。区块链网络只能解决中心可信问题（去中心）这一个问题，用户互联网致力于解决包含可信、隐私等全网性问题。

区块链网络是以去中心的方式解决平台互联网中心机构存在的信任风险问题，建设一个没有中心、系统自运营的网络，是对平台互联网的推倒和重新建设。用户互联网通过创建平行网络，创造基于信息粒子自身的性质进行平行连接的方式，实现全网化连接并提高连接效率。

第七节　用户互联网新概念

从某个角度看，用户互联网是互联网的终极、完美形式，它不但解决了平台互联网和区块链网络无法解决的问题，而且实现了真正以用户为主体、各方自治，并创造用户属性产品，摆脱平台对用户的约束。随着时代发展，用户互联网将会逐渐取代平台互联网。与此同时，一些与用户互联网相关联的新概念产生了，了解并认识这些新概念，也有助于大家进一步了解并认识用户互联网，现将部分概念列举如下。

1. 用户互联网

以用户为主体实现各方自治交互的平行网络。

2. 平台互联网

基于平台属性特征节点进行连接的垂直网络。

3. 用户互联网思维

具体包括全局领袖思维、平行一统思维、直接连接思维、微粒思维、需求可控思维、平行产品思维、用户化竞争思维、科技本善思维等。

4. 平台互联网特征

商业第一、圈地用户、垂直竞争，平台定义一切规则，拥有一切资产。

5. 以用户为主体

用户拥有全网性的最小单元网络个体独立行为和多方协作行为的自治决策能力。

6. 用户自治

用户自我决策网络行为，自我管理资产和行为数据，自我选择科技应用。

7. 各方自治

各网络主体根本性的网络行为、资产和数据等不会受制于其他方。

8. 平行网络

基于信息自有特征（连接介质）性质，在全网范围内平行处理信息（连接 & 匹配）的互联网络。

9. 平行产品

任何独立、有属且完整的最小服务单元。

10. 用户属性特征

唯一标识用户身份的所属最小粒子单元。

11. 平台属性特征

平台身份标识和平台赋予用户的身份标识。

12. 科技本善

技术自身具备用户可控性，用户可选择和决策应用于自身的科技。

13. 线条工具

特定时间内具备明确获取规则和唯一输出结果的功能服务。

14. 注意力产品

在特定位置（固定入口）才能得到某一需求满足的产品。当前平台互联网提供的产品都属于注意力产品。

15. 产品自由度

产品的创作者、渠道方等所有非消费方对该产品的影响力指数。产品自由度越高，代表产品越接近用户属性，越有可能成为全网性流通的网络基础设施服务。

16. 信息自由度

信息的创作者、分发方、算法等所有非消费方对该信息的影响力指数。信息自由度越高，代表基于信息自身特性的连接方式越高效，流通的范围更广。

以上是与用户互联网息息相关的概念，我用简单和准确的语言进行了解释和描述。在后面章节里，这些概念出现频率较高。

03

第三章 以用户为主体

第一节　平台互联网与用户互联网

其实，互联网最根本的问题就是平台和用户谁是互联网的主体。平台互联网是从平台视角发现和定义互联网，用户互联网是从用户视角发现和定义互联网。主体不同，互联网世界也不同，相同的功能或服务，在两个世界中的定位也不同。更重要的是，以用户为主体的用户互联网，会重新创造和定义与平台互联网完全不一样的产品和连接方式。

一、平台互联网

当前以平台为主体的互联网是平台互联网，平台互联网的特征是所有的产品、服务都是平台属性的，用户之间的连接也必须通过平台进行，用户的所有行为和数据也都是平台托管，任其使用。在从网络行为到网络资产等网络生活的方方面面，用户寄生于平台。在平台的认知里，用户不具备独立性，只是其私有资产罢了。因此，用户不具备自主性，网络行为能力掌握在平台手里。个别平台形成一种所谓的“霸权”机制，用户的个人隐私信息被打包，甚至被出售。

二、用户互联网

用户互联网是以用户为主体，实现各方自治交互的平行网络。以用户为主体要做的是创建基于用户属性特征的连接方式，创建用户属性的产品，目的是让用户实现脱离平台的网络行为（网络连接和网络能力）自由；各方自治主要处理网络主体尤其是用户与平台之间的关系和矛盾；平行网络主要实现以信息自身特征进行平行处理（连接 & 匹配）的方式。由此可见，用户互联网才是我们终极追求的互联网，用户不再寄生于平台，平台也不再“为所欲为”，而是一切围绕着“用户”。

平台互联网和用户互联网，两者截然不同，甚至有本质区别。但是，在某种程度上，平台互联网是用户互联网发展的基础，而用户互联网也是平台互联网发展的终极形态，因此这两者也是关联的。

第二节　用户属性特征

用户属性是用户互联网的核心。用户属性特征指的是能唯一标识用户身份的所属最小粒子单元。使用什么样的用户属性特征作为网络连接的介质，需要考虑以下四个方面。

1. 广泛性

每个人都具有的特征，是普遍存在的。

2. 唯一性

每个人拥有的特征各不相同。

3. **稳定性**

所选择的特征应该不随时间变化而发生变化。

4. **可获取性**

所选择的特征应该不需要较高的成本，可以轻易获取和使用。

用户属性特征包括生物特征、官方身份和资产特征等。生物特征指的是用户与生俱来就拥有的特征，包括声音、指纹、掌形、眼睛（视网膜和虹膜）、人体气味等。如今，生物特征识别广泛应用于不同领域，尤其在第五代移动通信技术、大数据运算技术等参与下，生物识别技术涉及指纹、人脸、虹膜、声纹、步态等生物特征。官方身份指的是官方机构在物理世界和网络世界给予用户的身份证明，证明该用户的唯一性和独立性。可以说，在这方面，物理世界最重要的是身份证号，网络世界最重要的是数字身份和手机号码。资产特征指能唯一标识且为用户拥有的资产，包括线上资产和线下资产及智能硬件。线上资产为用户创造的数字作品等各种内容；线下资产为房产、车辆等；智能硬件有很多，在万物互联的时代，除智能手机外，有很多的智能硬件设备，可与用户关联绑定。

以上这些概念，构成了用户这个概念。无论是平台互联网还是用户互联网，一旦没有用户的存在，就是无意义的。

第三节　用户属性连接

与用户互联网相关联的概念有很多，其中，用户属性连接是非常重要的。用户属性连接就是创建基于用户属性特征的连接方式，即个体用户对外连接交互，使用该个体用户独有的属性特征作为连接介质，而不是平台赋予的平台特征（账号等身份标识）。以用户为主体的互联网，连接介质一定是用户属性的，即连接介质必须使用用户属性特征。只有这样，才能实现连接自治和连接自由，才能让用户的连接行为不受制于平台边界。

用户互联网的连接位置是全网任何用户影响力触达的当即位置。特别说明的是，影响力位置不等于用户自身亲自到达的位置，也可以是其他方代为传达的位置。如用户主动发表内容的位置是其影响力的位置，其他人发表了关于该用户的内容，这个内容位置也属于该用户影响力的位置。

平行网络的连接方式是基于信息自有特征的性质，用户属性连接的方式是基于用户属性特征的性质。二者的关系是，用户属性特征是信息自有特征的一部分。用户互联网的连接方式是一种在当即位置的自连接。自连接指的是连接介质的性质是什么，连接背后的内容就是什么。简单地说，行为操作和结果响应是完整一致的，而不是由中心意志的管理来决定。如通过用户面部连接，响应的内容是该面部信息背后的内容，而不是由平台决定响应页的内容是什么。

以上就是关于用户属性连接的部分内容和定义，旨在加深说明并补充以用户为主体的概念，便于读者朋友更加深入了解以用户为主体，只有以用户为主体的连接才符合用户互联网本质。

第四节　用户属性产品

用户属性是用户互联网的核心，在这里，一切服务都应该围绕着用户展开，应该定制具有用户属性的产品。通常来讲，服务方从用户属性出发，精准挖掘到用户需求，对用户的需求进行分析。

平行产品的定义是任何独立、有属且完整的最小服务单元，用户属性产品是平行产品的一部分，即属主是用户的平行产品。简言之，用户属性产品就是任何独立、完整且唯一属于用户的最小服务单元。

平台产品都有哪些形态呢？平台产品的形态一般是 App、网站、小程序等，有一定的开发门槛和运营成本，并不是每个用户都可以承担的。而用户互联网的产品形态一定是任何用户都可以创造和使用的，无须开发成本或其他相关的门槛。广义上看，任何用户创造的内容或唯一关联用户的内容都可以作为用户属性产品，其产品形态可以是文字、图片、视频等信息元素。狭义上看，它也包括平台提供但用户可以实现行为完全自治、管理相对自治的产品。由此可见，用户互联网产品成本更低、门槛更低，任何用户都可以创建且完全自治。平台产品有较高的门槛，譬如开发一个微信小程序的成本通常需要一万元（甚至更贵），开发 App 的成本比开发微信小程序还要高。

创造用户属性的产品必然会要求新的商业模式。平台产品有海量的用户，所以其商业模式是建立在海量用户和流量的基础上的。而用户属性的产品都是一个个独立的内容单元，以此为基础的商业模式与平台产品不同。体现在变现模式上，平台产品是平台范围内的集中变现，追求整体宏观效益；用户属性产品是用户范围内的发散式计价，追求零点微观效益。另外在范围上，平台属性产品是孤岛性质，用户属性产品是全网性质。

对于用户而言，具有用户属性的产品更具有吸引力，因为具有用户属性的产品更加个性化、人性化。

04

第四章

各方自治

第一节　网络主体及关系

网络主体包括网络的创建者、维护者、经营者、管理者和使用者。除此之外，网络主体包含了商业平台和监管部门。如今，网络主体范围越来越大，产生了巨大的流量和经济社会效益。网络主体具体可以分为以下几类。

一、领导主体

互联网需要领导。互联网发展路径是什么，怎么协调各方，怎么建设等都需要有一个明确、可期待的引导。互联网不可能走完全去中心化的道路，也不可能没有领导主体，国内互联网也需要领导。高举社会主义大旗，为实现共产主义而奋斗，这是中国人民的使命和明确的目标。同样，互联网要走什么道路，高举什么大旗，要为实现什么目标而奋斗？这也是互联网从业者需要思索的问题。互联网的管理是有国界的，其他国家的网络管理情况也由其政治环境决定。

我国互联网快速发展，主要是基于人口红利和广阔的市场，在产品应用方面独领风骚，但在互联网基础技术方面依旧受制于人。我国的芯片产业处于相对落后的状态，短期内无法创造满足需求的优质芯片；我们的电脑操作系统、手机操作系统、域名根服务器等同样依赖他人，随时都面临着可能无法使用的风险。基础技术的落差较大，在科技领域，基础研究相对于应用性的研究更具难度，从 0 到 1 比从 1 到 100 要难得多，是完全开创性的。为改变这一现状，当前国家提出了“新基建”的网络战略。

网络规则除了网络法律外，还包括各行为主体的权利和义务、行为规范和边界等。网络环境是需要管理的，无论是对网络行为的管理还是信息管理，抑或是舆论环境管理和价值观引导等。

二、行为主体

网络行为的主体包括用户、商业平台、监管者等第三方及企业等，这里只讨论较为重要的三种组织。

1. 用户

用户又称使用者，指的是使用网络服务的个体，通常拥有一个用户账号，并以用户名来区分识别。

2. 商业平台

在互联网中，商业平台指的是通过向用户提供产品服务而实现收益的中心组织。

3. 监管者

有人的地方就需要监管，网络也是如此。监管者是网络法律的执行者，主要负责对互联网网络进行监督、管理和检查。职责是维护网络安全、保护网络上的公共利益等。

在互联网各网络行为主体之间的关系中，用户与商业平台的关系是最基础也最重要的关系。

用户互联网不同于平台互联网，追求的是各个网络主体之间各方自治，并在独立自治的基础上平等交互，共同治理公共领域。

各方自治指的是各个网络主体根本性的网络行为和账户资产数据决策等不受制于其他方。各方自治包括三部分，一是网络行为的绝对自治，二是账号资产数据的相对自治，三是交互自治。

网络行为的绝对自治是指各方拥有独立网络行为的自主决策权，不具备侵犯和决定其他方网络行为的能力。

相对自治是指各方在进行交互行为时，明确各方权利和义务，存证各方协议、规则和交互过程中的行为记录、数据、资产等，以便事后快速地处理纠纷等。

交互自治是指对于各方共存的网络公共环境和服务的治理、共同进行的网络交互行为以及全网性共存的公共问题等，都应该平等交互、共同管理和制定规则。

网络主体以及关系重新解释了用户是什么，平台是什么，以及他们之间的关系是怎样的。

第二节　网络行为的绝对自治

网络行为的绝对自治指的是在法律允许范围内，各主体在网络中合法的行为不受制于其他主体的限制，完全由该主体自行决策。

网络行为绝对自治最核心的就是让用户自身拥有网络能力，这一能力跟随用户存在，而不受限于平台提供的产品中。网络能力从平台的边界中解放出来，可以跟随用户到达任何影响力触达的位置。用户在全网位置都可以在合法范围内使用任何功能，进行任何行为，而不是在特定的平台产品中才能完成特定的行为。如用户在任何有社交需求的位置都可以即时社交，而不是必须找到一个特定的入口，再通过平台的门槛（如获取对方通信账号等）才能通信。

网络能力自治让用户有了网络行为的主动权，而当用户进行主动行为后，获取的内容是什么，又该由谁来决策?

用户难以自行决策获取的内容，当前主要由平台决策。平台决策也有一定的风险，典型的就是搜索引擎的竞价排名和按需展示。改变这一现状不是提供新的平台就可以实现的，用户互联网思维是通过两个方案解决的，一个是线条工具，将所有确定具备唯一解决方案的内容标准化；另一个是主动行为的位置不受制于单个平台，线条工具的获取只与信息自身的性质关联，不与平台绑定。

当前互联网最好的体验是被动内容获取，基于算法的推荐，用户不需要进行任何行为即可以获取信息，用户对被动获取的信息的接受度和享用度越来越高。被动内容的决策目前是由平台决定的，而算法的背后是对用户隐私和行为的获取乃至侵犯。当然，即使没有以算法为基础的精准推荐，推荐性质的被动内容也是一种信息获取形态。平台推荐的风险（侵犯、影响乃至控制用户）与用户获取信息便利性之间的博弈仍旧需要时间观察。被动内容获取如何决策，谁来决策，怎么决策，目前还没有一个清晰的答案。

第三节　相对自治

相对自治指的是用户无法自治的网络资产、数据、账号等各种权益，必须依赖其他网络主体。但用户只是将其托管于其他网络主体，在使用时依旧不受制于其他网络主体。相对自治最核心的就是托管中心要求用户完全信赖。所以从目前来看，最好的托管中心就是政府或官方组织，而不是商业中心。相对自治还涵盖了硬件自治、线上身份自治、账户自治、资产自治、数据自治和权限自治。

1. 硬件自治

用户必须通过硬件才能使用网络服务。常见的硬件包括 PC、智能手机、物联网的各种传感器、智能家居的各种设备、智能手表、智能眼镜以及各种线下智能终端等。

网络硬件和软件有个共同的特点，即通过该产品对用户产生特殊的影响。网络硬件由平台性的组织提供，且大多具有商业性质。用户无法绕开平台去使用硬件，但在使用和管理上，必须要求用户自治才能保障用户安全。智能手机是目前使用极广泛的网络硬件设备，以此为例，试想一下，如果用户使用智能手机时无法进行自治，也没有组织对平台进行监管，用户在平台面前将是完全透明的，用户隐私将完全对平台开放，平台可以通过摄像头、传感器实时监控获取用户的一言一行，这将是非常可怕的事情。

硬件的安全至关重要，硬件承载着用户的所有行为，是存储用户数据的基础平台；更是可以随时监视、侵犯用户的危险“武器”。提高其安全性远比提供优质服务重要。

基础安全指的是手机自身的安全，如手机丢失找回、手机更换时的数据迁移、手机网络安全等。

权限安全指的是非用户的平台方要求用户开放手机权限才能为其提供服务，常见的权限包括位置信息、相机、麦克风、健身运动、信息、通话记录、日历、身体传感器、应用内安装其他应用、创建桌面快捷方式、悬浮窗等。除在使用时遵循最小化权限原则外，还要遵循即用即调、用完即走原则（需与用户体验进行平衡），更要在使用时充分保障用户隐私和安全。例如，用户在某一平台发表图文时，平台需要用户提供本地存储的权限，用户本地存储的内容，平台不可见，只能分辨出是一张张图片，该内容可选、可提交即可，具体内容平台不可知。

隐私安全既包括本地数据文件的安全保存，更包括用户与其他平台方交互时可能面临的信息泄露风险。硬件是用户自有特征，平台将硬件销售给了用户，该产品就应该完全属于用户。在用户互联网中，该硬件属于用户的自有特征，跟用户唯一关联绑定。

2. 线上身份自治

线上身份自治的核心是八个字：一次认证，全网使用。具体来说，用户只需在官方进行一次认证后，在全网任何平台都无须再次注册，只需出具官方提供的可信凭证（二维码或数字代码）即可，这样除方便用户高效切换各种服务外，更可以保护用户身份信息安全。平台不可见不可知，可以有效防止用户身份信息泄露。

3. 账户自治

账户自治指的是账户是用户的，而不是平台的。用户属性特征是获取账户的唯一确定标准，账户的使用和连接行为也必须通过用户属性特征作为介质。如用户互联网中的平行金融，转账和支付行为需要使用用户属性特征作为介质，而不是平台属性的账号等。

4. 资产自治

资产自治指的是资产由非商业平台的可信组织代为托管，而资产的使用行为完全由用户自行决策，不受制于托管方。用户拥有众多的网络资产，包括关系链资产、资金资产、数字作品和成就、“粉丝”等。

以关系链为例，在当前的互联网中，用户的关系链完全与平台特征（通信账号）绑定，与其说它是用户的关系链，不如说是平台分配给用户的关系链。关系链资产由平台掌握，用户不能脱离该平台在其他平台与原平台好友进行通信交互。而在用户互联网中，关系链是用户自身的资产，可以跟随用户到达全网任何位置，也可以在任何位置即时使用。要想实现这一点，将关系链从平台属性化转为用户属性化至关重要。具体如何做，可参考平行通信的相关内容。

5. 数据自治

此处的数据指的是独立数据，非交互数据。独立数据指的是不与其他主体发生交互，只属于用户个体的行为记录和数据作品等。数据自治涉及数据的全流程，包括数据产生、数据存储以及数据使用。

6. 权限自治

权限自治包括用户在使用软件产品时的权限内容，多为需要验证用户真实性和身份的场景。如用户购买机票需要进行真人实名认证，出入非公共特殊场所需要验证身份等。

相对自治让互联网用户更加独立，让用户自己说了算，并且让用户能够保护自身利益，不受其他利益群体干涉甚至影响。只要是合乎法律法规的相对自治，就能让互联网用户拥有更多自治权利。

第四节　交互自治

交互行为指的是双方或多方共同参与才能完成的网络行为（通信、交易等），包括用户与平台之间的交互、用户与用户之间的交互等。交互自治指的是在交互行为中，各方能保证平等交互，一方不会完全受制于另一方，各方可以处于相对自治的状态。如用户与平台的交互中，交互协议和记录要存证，且不是完全由平台掌管，以免发生纠纷后，用户无法取证，而平台却有能力私自篡改。根据网络主体之间的关系，交互行为可分为对等交互和寄生交互。

一、对等交互

对等交互指的是各主体之间以对等的方式进行交互，如平台与平台之间、用户与用户之间。以用户与用户之间的交互为例，用户之间是彼此独立的，谁也不受制于谁，在交互中不同的用户可使用的网络服务是一致的，行使的权利和承担的义务是相同的。对等交互的情况下，实现交互自治比较容易。

对等也体现了平等。用户互联网体现了对等与平等。

二、寄生交互

寄生交互指的是交互主体之间，一方需要基于另一方才能完成交互行为，最常见的就是用户与平台之间的交互，即用户必须借助平台才能与平台或者其他用户交互。如用户在平台上与平台自身的沟通与交易，用户在平台上开通账号并借助平台进行数字作品发表、商品信息发布等。

在当前的互联网中，平台与用户之间的寄生关系，决定了用户的行为记录和数据等必然也会在平台产生，被平台获取，平台决定了用户的网络能力和行为边界，用户网络行为严重受限。平台有其存在的必然性，用户不可能脱离平台实现网络行为，也不可能脱离平台实现数据自我保存。

寄生交互自治的关键在于处理用户与平台之间的关系，实现用户的相对自治，让用户自身拥有网络能力，从平台中解放出来。规范存储和使用数据，是用户互联网需要做的。

无论是对等交互，还是寄生交互，用户在与平台的共同行为中拥有交互自治能力是非常重要的一件事。当今，平台互联网无法处理平台与用户之间的矛盾，平台拥有极大的权限，干扰用户自治，最后可能会带来不可挽回的局面。无法改变现状的平台互联网将会引发社会信任危机，对整个社会体系建设产生巨大的影响。因此，建设并普及用户互联网是非常迫切的一件事。

第五节　中心化还是去中心化

这些年一直有一个“斩不断”的争论，即中心化与去中心化之争。传统的互联网是中心化的，当今流行的区块链网络是去中心化的。中心化组织同个体用户一样，也是网络行为主体的重要组成部分。中心组织存在的意义就是提供个体用户无法独立自给自足的网络基建服务，例如个体用户基本不可能为了使用网络通信而自行开发和运维产品。换言之，中心化的存在，给个体用户提供了服务和平台。区块链的发展和自治组织的兴起的最大意义在于，让用户真正认识到中心化是存在风险且需要治理的，用户与平台之间关系不对等的矛盾是必须解决的。但是通过完全去中心化或多中心的方式进行治理不是最好的治理方案。因为中心不需要去，也去不掉。

其实，区块链也并不能完全做到去中心化，当前平台与用户早已深度交互，用户通过平台与其他用户建立的社交关系、用户的行为数据、网络资产等都需要寄托于平台，平台是不可能被去掉的。无论是平台互联网还是用户互联网，用户都要依赖于平台。平台的存在，也就是中心化的存在。平台提供服务支持，形成用户社群。中心化并不一定是坏事，如果对中心化进行合理管理，中心化能够产生积极而强大的作用力。

支付宝是典型的中心化平台。简言之，用支付宝进行交易的流程可以分为以下几步。

第一步，用户下单并将钱款打给支付宝平台。众所周知，支付宝提供了“担保交易”服务，对下单货款提供了托管服务并给下单用户带来了安全感。

第二步，支付宝收到用户的货款后，会通知商家发货。在这个步骤中，商家是收不到货款的。

第三步，用户收到货并在软件内确认收货，用户与支付宝的此次交易就完成了。

第四步，用户收货确认之后，支付宝将货款打给商家，商家收到货款。

换言之，用户与商家的交易，是通过支付宝完成的。支付宝平台是非常典型的中心化平台，难道支付宝过时了吗？其实并非如此，支付宝有其存在的价值，即使没有支付宝，也会有其他中心化平台提供这样的服务。

去中心化风险固然是好的，但是去中心化网络自身也有风险。一篇名为《链信区块链“去中心化”的自有风险》的文章指出，区块链是一把双刃剑，和历史上其他技术一样，它给社会带来福利的同时带来了风险，这些风险内置于区块链系统，属于区块链的自有风险。第一，去中心化易产生系统化风险。第二，去中心化易招致不公正的交易结果。第三，区块链的开源性质会导致交互者的隐私泄露。有些交互信息不具备隐私性和敏感性，可以在区块上共享，有些则反之。

用户互联网要做的不是去中心化也不是去平台，而是要去掉平台与用户不对等的能力差异，构建用户与平台的对等关系，在各方自治下实现平等交互。用户互联网提出了两个方案来解决中心化的风险问题。一是创建平行网络，目的是让用户拥有网络能力，从平台提供的产品中解放出来，从而不受平台限制，实现网络行为的自我决策。二是各方自治，明确各方的权利和义务，实现网络行为的绝对自治、账户资产数据的相对自治和交互自治。

第六节　平台的影响力治理

平台通过网络产品以推送内容等方式对用户产生影响，本质是对用户注意力的打扰和定向转移。如果不对这种影响力加以管控，将是十分危险的。

尤其是在信任度几乎为零的海外，平台根本无法自证这种影响力的用途，其强大且不可预测的潜在风险必将受到海外监管部门的严厉管控，使产品几乎不可能实现出海。网络产品如何去掉这种连带附属的影响力，保持其产品功能的单纯性，真正做到“用完即走”？这在互联网上是非常核心的问题，也是实现互联网长治久安和全球化发展必须要思考和解决的问题。

一、平台影响力分级

平台对用户影响力大小的决定因素主要有产品属性定位、用户使用时长、用户属性资源状态等。以当前具体情况来看，大致可将其影响力分为三个不同级别。

（一）一级影响力：强制能力

强制能力指的是平台可以在用户不主动进行任何网络行为的情况下，自主选择任何时间和频次，强制为任何属性定向用户推送不可拒绝的内容（用户不为，平台强制）。主要体现在两个方面：一方面是潜移默化式的智能推荐，以提升用户使用内容的体验为主，核心是让用户获取自己更感兴趣的内容，从而实现大量占据用户使用时长，留住用户；另一方面是平台强制推送，多以用户反感拒绝或中立的内容为主，以能够突然改变用户注意力的形式出现，如开机桌面弹窗和单个产品使用过程中的弹窗提醒，平台强制推荐更新或定期发送推广信息。骚扰电话和短信等也属于此类内容。

（二）二级影响力：诱导能力

诱导能力指的是平台或服务方在（诱导）用户自主进行网络行为选择

时，违背用户的自主诉求，静默推荐平台决策的服务或内容（用户为之，平台违背）。最常见的是各种诱导式的服务或信息，当用户主动操作点击一条信息时，跳转后的不是该信息的相关内容，而是平台或服务方意志的内容。典型的就是充斥于聊天群组和内容平台上的各种“标题党”信息，或下载软件时安装该平台的软件“全家桶”。

（三）三级影响力：可选能力

可选能力指的是平台以服务和内容为核心，在其中掺杂各种在固定位置、有明确目的的单方需求内容。这种影响力用户是可以选择的，如用户不看该平台提供的视频，自然不用看平台掺杂其中的视频广告等（用户为之，平台固定）。当前最广泛的应用是平台单向意志的广告，核心是满足平台商业化的需要，各式各样“牛皮癣”式的广告，广泛存在于各类产品，掺杂于各式内容之中。当前平台对这种影响力的使用方式还需要思考和完善。用户互联网也会思考如何既能实现平台商业诉求，又可以治理该影响力的潜在危险，更会思考是否可以创造更优质的影响力为用户服务。

二、平台影响力治理

平台影响力治理至关重要，也是用户互联网需要重点实现的目标之一。要实现这个目标，有三点至关重要。

（一）直面影响力问题

这种影响力问题本质还是信任问题，即无法确定掌握这种影响力的组织是否值得完全信任。

要直面这种影响力，绝不能轻视继而完全不管，放任平台任意掌控它。这种影响力有潜在的巨大价值，也有巨大的风险。所以一定要对其归属和应用方式进行严格管理。

（二）明确“去”还是“管”

要确定是去掉这种影响力，还原产品的纯洁性；还是管理这种影响力，取其精华，去其糟粕；或是视具体情况再具体分析并进行选择。

（三）解决技术问题

当前的平台是无法自证可信的，平台对这种影响力的应用选择完全取决于自身最优发展和最大商业化的需要，大多平台本质上做不到“善良”。在不去掉这种影响力的情况下，我认为唯一的办法只有通过技术手段让用户实现自我保护。如何实现科技本善正是用户互联网正在致力解决的问题。

如今，平台开发的网络产品无处不在，甚至很大程度上取代了部分传统产品。与此同时，人们被网络产品的影响力所困扰。治理这种影响力的成功与否也决定网络产品能否出海。如果能够直面影响力问题明确“去”还是“管”，解决技术问题，也将实现科技本善。

05

第五章 平行网络

第一节　平行网络的定义和特征

当前平台互联网是以平台为基础，基于平台属性特征进行连接，且流通和交互连接受制于平台的边界范围，无法实现平台产品间的互联互通。用户互联网是从用户视角，重新思考、发现和定义的网络世界。用户互联网旨在以平台垂直化的产品业务为基础，在上面建设一层用户自治、信息自由、可跨平台实现全网范围内连接交互的平行网络。用户互联网和平台互联网是互补而不是替代的关系。基于平台互联网的垂直网络，创建用户互联网平行网络；基于平台互联网的垂直产品，创造用户互联网的平行产品；基于平台互联网的“注意力”入口效率，提升用户互联网随时随处的自然效率。平行网络是用户互联网的核心组成部分。

平行网络是基于信息自有特征（连接介质）性质，在全网范围内平行处理信息（连接 & 匹配）的互联网络。平行网络有以下四大特征。

一、本质是连接

平行网络的本质是连接，基于信息粒子的性质在全网范围内连接而不是基于平台的特征在平台一隅连接。由此可见，平行网络有点儿类似于“平行世界”，它可以打通一切、连接一切，实现平台之间的跨越，并且打破平台的局限。尤其在“万物互联”的时代，平行网络是未来的发展趋势。只要技术上实现突破，就有可能完成平行网络的建设工作。

二、基础是关系判断

平行网络的基础是判断任何两点之间的关系。两个连接点之间的关系决定了两个点之间可能存在的需求，继而决定了两个连接点之间的匹配策略。用户互联网也是基于这一点，体现了以用户为主体、平台提供服务的特点。在平行网络里，任何两个“点”都是关联的，都有基于双方关系建立连接的潜在需要。

三、核心是匹配策略

平行网络的核心是匹配策略，也就是算法。平行网络将整个网络中所有的信息、内容、元素、产品功能等，都看作一个个独立的点，为其中一个点，匹配最合适的另一个点。且每个点都拥有满足连接需求的所有产品服务功能，视两点之间的需求即时选择使用。这种匹配策略更加精确，速度更快，效率更高，甚至更具个性化。

四、竞争点是所有权

平行网络的竞争点是争夺连接介质的所有权。简单来说，连接介质的所有权是谁的，谁就能掌握连接能力。这个连接介质是全网性质且是有限的，所以竞争所有权是非常重要的。

平行网络不仅是一种网络架构，更体现一种哲学思维，即真正的万物互联、独立自治、用户享有自己的权利，并且在“点与点”之间形成最佳需求匹配，真正体现互联网的优势与特点。与此同时，平行网络与平台网络并不矛盾，它们完全是兼容的、是互补的，甚至可以相互借力，形成一种新的共存互补关系。

第二节　平行连接与交互方式

既然平行网络的本质是连接，本节不得不重点介绍一下平行连接。平行连接主要有四个方面值得关注。

一、连接介质

任何一种网络都有自己的连接介质，如同电流传送需要电线中的导电金属作为介质。平行网络与以平台为主体的垂直网络差异较大，因此连接介质也不同。平台网络是以信息的自有特征作为连接介质，不使用平台属性特征。

二、连接位置

由于平行网络的特殊性，它可以实现平行跨界，打破孤岛一隅困境，平台网络的连接交互行为可发生在全网任何场景下的即时位置（连接介质所处的位置）。

三、连接方式

以平台为主体的垂直网络的连接方式是平台拥有绝对管辖权的连接方式，用户之间完全需要借助平台属性特征进行连接，连接的门槛由平台决定，是一种权力集中的产物。平行网络的连接方式明显有别于以平台为主体的垂直网络，是基于信息自有特征（连接介质）的性质而非由中心平台管理的一种自连接方式。

四、闭环服务

在平台网络中，整个闭环是由单个平台提供的，用户没有决定权。平行网络中，用户拥有了掌握闭环的能力和权利，用户可在影响力触达的位置即时使用所有完整闭环网络产品服务（所有归属于用户的网络能力）。

要想实现平行网络，创造平行产品，必须使用平行交互方式实现信息连接。平行交互方式指的是可以不通过平台直接实现信息创作方和信息消费方之间的交互和影响。当然这种平行方式的弊端在于体验远没有平台原生的交互体验更好、更自然。兼顾原生体验并实现跨平台交互，是非常难的，也是互联网人一直在做的事情。

当然，平行交互方式在平行网络中的潜在价值非常巨大，令人兴奋，它足够改变现行的网络世界，给用户带来更加个性化、场景主导的原生体验。在以用户为主体的时代背景下，平行网络有强大的生命力。

第三节 注意力入口与平行入口

入口的重要性不言而喻，当前平台互联网提供的入口都可以统一定义为注意力入口。用户互联网会在其基础上，提供全网范围内连接的平行入口。

一、注意力入口

注意力入口指的是平台意志对用户产生影响，让用户产生完成明确的行为需要到达特定网络位置的意识。简单地说就是用户要完成某种需求，要到特定的位置才能完成。如通信一定要到特定的通信工具中、购物一定要到特定的购物工具中、获取信息一定要到特定的搜索引擎工具中等。当前平台互联网的策略中心就是通过一切手段，抢占用户的注意力，占据用户心智，千方百计地告诉用户，用户离不开平台的产品，要完成需求一定要到这个产品中来。由于用户的注意力是有限的，谁占据了用户心智谁就具备了一定的排他性和垄断性，其背后的价值不言而喻。

1. 注意力入口的正面价值

可以说，当前平台互联网所有的产品都属于注意力产品（垂直产品），是以解决某项需求为核心的。注意力产品意义非常重大，也有着非常大的潜在价值。

对平台来说，如果平台的产品在某一领域占据了一定的地位，树立起强大的品牌，形成了注意力黑洞，吸引用户到此入口进行网络行为，平台可通过主观意志对用户产生其他方面的影响，实现注意力的转移和占据，更好地完成商业布局和变现等。

对用户来说，用户在解决某一需求时有了明确的路径和方式，不会为信息抉择而浪费大量的时间，解决需求的效率获得了极大提升。

2. 注意力入口的负面影响

无论是在商业需要还是在对用户的影响方面，注意力入口都存在着无限且巨大的可能性，但如同一把双刃剑，注意力入口同样会产生负面影响。平台一切行为目的都是吸引注意力，当然不可避免会将自身的意志强加给用户，转移或控制用户的注意力，从而实现最大的商业化需求。同时，注意力入口会成为一个个孤岛，彼此之间难以互联互通，在全网范围内实现跨平台连接交互几乎不可能实现。

二、平行入口

平行入口指的是用户在全网任何位置处产生任何需求，都可以在该需求产生的位置处实时使用对应的产品服务。注意力入口有其必需性，不可能被去掉。用户互联网的追求，是在注意力入口的基础上，创建新的入口形态，即平行入口。平行入口不受制于任何平台，其入口链接的内容也不是固定的，会随着内容的优化和迭代而不断自动更改。平行入口更依赖智能算法的实现和连接匹配策略的合理使用，平行入口会成为未来互联网发展中新的竞争点。

横向对比来看，平行入口可以实现跨平台的全网连接与交互，使用户不再受制于平台，体现了先进性与巨大的潜在价值。

第四节　平行网络的现状与发展阶段

平行网络是一个新大陆，蕴藏全网性的无限力量，无论是对监管机构、对平台还是对用户，都非常重要。人们能看到的不过是冰山一角，还有更多未知的部分需要探索，目前互联网人正在积极探索和实践平行网络。

换言之，需要平行网络，实质上是需要一种以用户为主体的网络。当人们在平台的脚底下缓慢走路，或者正在被平台互联网所制约的时候，甚至隐私正在被平台泄露的时候，用户行为自治、信息自由、可跨平台全网连接的平行网络就非常值得期待了。平行网络是以平台互联网的垂直业务为基础创建的，其发展大致可分为三个阶段。

一、平台域内的一统

平台域内的一统即平台主导下，以用户属性特征为连接介质进行连接交互，实现本平台所有产品之间的平行一统，创建本平台范围内的平行网络和平行产品。在这个阶段，一统就是打通垂直边界，让“垂直”变“平行”。

二、平台全网一统

平台全网一统，实现互联互通，就是将全网所有平台上的资源、信息进行重组和聚合，形成一种用户个人事务全覆盖，展示内容、服务、产品的可定制、交互“一体化”的平行互联网络。

三、各网络主体独立全网一统

各网络主体独立全网一统，既有形式上的一统，也有法律法规上的一统，还有标准上的一统；既能解决网络道德问题和法律法规问题，又能充分体现网络主体独立自治。在这个阶段，平行网络高度发达，并且能够解决科技本善的问题。

当然无论哪个阶段，都需要监管机构的管理，且监管机构拥有全网一统的能力和执行力，以及对各参与主体进行管理的能力。监管机构将更加深度且更容易地影响互联网和各网络主体，对互联网的建设起到更大的推动作用。

第五节　平行力量

平行是一种力量。一篇名为《平行时空：意识力量的确可以改变你的现实状态》的文章指出，平行空间理论源于 20 世纪 50 年代，有的物理学家在观察量子的时候，发现每次观察的量子状态都不相同。而由于宇宙空间的所有物质都是由量子组成的，这些科学家推测，既然每个量子都有不同的状态，那么宇宙也有可能并不只是一个。我们每个人都处在现有的这个宇宙，并且在地球上生存。但是因为构成物质的每个量子都有不同的状态，我们身处的这个宇宙，也会存在不同状态的量子，可以说有无数个宇宙，无数个自己。

平行网络与平行时空有相似之处，它可以消除边界，让用户拥有更多力量，让监管更加高效、直接，让两个信息粒子产生纠缠。因此，平行的力量主要体现在三点：一是没有边界，可实现全网性影响力触达，而垂直产品的力量是一隅的，且受制于各种平台的边界；二是力量的拥有者不仅仅是平台，无论是监管方一对一定位或批量监管、权限设置，还是用户直接触达，私域影响力建立（平行私域流量），都是极其强大的；三是平行力量的传导方式，自然不是通过平台，而是通过全网性的连接介质，基于信息粒子的自身特性连接，无论在全网的任何位置，都可以相互影响。

一、监管的平行力量

监管方有能力在各平台上统一用户，通过平行网络一键直接实现对用户的影响。也就是说监管只需要定规则，就可以一键实现对用户的影响。更重要的是，这种规则的制定没有任何限制，且实现不需要经过平台同意。平台具备影响海量用户的能力，但不具备任意制定规则的能力。比如政府部门要向困难百姓发放救助金，政府要做的就是定义困难百姓的条件，确定后，平行网络自动定位这些困难百姓，并一键实时到账（平行网络包含所有条件的排列组合，只需要定义条件即可）。

二、平台的平行力量

在平台自身具备垂直领域的影响力基础上，平台的平行力量包括两个方面。一方面，在各个领域和场景，实现本平台域内所有产品之间的平行一统。这比较容易实现，但也足够有意义；另一方面，在各个领域和场景，实现全网所有平台之间的平行一统。这较为困难，但也可以实现。目前这也是我核心思考和探索的地方。

三、用户的平行力量

平行网络真正让用户拥有了不受制于平台，建立属于自己的影响力的能力。用户的平行力量主要体现在两个方面，一是影响力的被动触达，二是影响力的主动使用。

影响力的被动触达，指的是用户被影响的来源和方式。用户可以在任何位置、任何情况下以任何方式被影响。当然，从这些被影响中选择对该用户有价值的影响或正向积极的影响，屏蔽消极和不利的影响，是非常重要的。

影响力的主动使用，即用户具备将自己的影响力在全网范围进行扩散的能力。平行网络的整个信息连接是基于信息粒子自身性质的，而不是平台。所以用户完全可以基于信息粒子建立连接和自己的私域，且这个私域的受众是全网范围内的用户群体，而不仅仅是平台范围内的用户群体。

当然，平行力量不仅仅只有以上三种，其他网络主体参与方也都拥有平行力量。

06

第六章

平行产品

第一节　平行产品的定义和需求

用户互联网时代，每个用户都有自己的网络基础权利。如果用户没有权利，那所需承担的义务也就不存在了。在平台互联网中，所有的产品以及功能服务都是平台决定的，用户能够使用什么样的功能完全由平台说了算。想要详细了解如何实现网络产品和功能服务由用户做主，就要了解平行产品的定义。简言之，平行产品提供的不是平台属性的产品，而是归属于用户自身拥有的在全网内自由交互（连接 & 匹配）的网络能力。

平行网络的具体表现就是平行产品。平行产品有两种定义。广义上，符合平行网络特性，任何独立、有属且完整的最小服务单元都可以作为平行产品。狭义上，平行产品是以信息内容自身为连接介质，可在全网范围内连接交互的相同服务的统一集合。由此可见，平行产品才是真正属于用户自己的产品。

用户的影响力触达到哪儿，需求就在哪儿，连接和产品服务就在哪儿。平行产品提供的不是平台属性的服务，而是归属于用户自身拥有的在全网内连接交互的网络能力，并可以跟随用户到达全网任何用户影响力触达的位置的服务。换言之，平行产品是用户的影响力得到了最大化的体现，而用户的需求就导致平行产品的出现。

平行产品与当前的平台互联网对需求的思考和理解完全不一样。如果不懂用户互联网，不懂平行网络，也就不会懂平行产品，也就无法理解平行网络是如何思考和判断需求的。以通信产品的需求为例，以平台互联网的思维，真的很难理解为什么自由通信是根本的通信需求。除此之外，其他场景的平行产品需求各不相同，更是难以理解。

平行产品有一个非常重要的特点，即每一领域都有唯一的根需求，其他该领域的产品与该根需求产品不是竞品关系，而是其子产品。子产品是根据根需求产品推算出来的，而不是靠灵感的爆发和对用户需求进行调研测试来获取的。所以，开发平行产品最核心的就是抓住各个领域的根需求。完成根产品，即可一统该领域，这也是目前我们探索的重点目标。

第二节　垂直产品与平行产品

顾名思义，垂直产品源于垂直网络，平行产品源于平行网络。前面我们讲到的平台互联网是垂直网络，平台互联网下的产品，就是垂直产品。平行产品是以垂直产品为基础在其上层创造的，两者是互补关系，而不是替代关系。垂直产品与平行产品到底有哪些区别呢？具体表现在以下几个方面。

一、产品性质

垂直产品是指在特定位置（固定入口）才能完成某一需求的产品。当前平台互联网提供的产品都属于注意力产品，也是垂直产品。

平行产品是指在全网任何触发需求的场景位置处即时提供满足的产品。用户互联网提供的产品都属于平行产品。

二、思维方式

垂直产品采取了平台互联网思维。平台互联网思维是站在平台的位置，基于平台的视角，模拟分析继而思考用户的需要是什么，并赋予用户平台属性的身份特征，对其施加影响力。通常平台互联网思维受制于单个平台的视野局限性和用户需求的不可掌握。因为大多数情况下，用户并不知道自己想要什么。

平行产品采取了用户互联网思维。用户互联网思维不会优先思考单个平台要做什么，而是从单个用户视角，最先思考互联网应该是什么样子的，用户最本质的需要是什么，然后将此需要的可能性列举出来，与用户的需要进行匹配后运用。

三、需求来源

垂直产品的需求来源一般是灵感式迸发或经验式总结，彼此间竞争的是谁能站在平台视角更懂用户的需要，一般来源较为随机，具有偶然和零散的特点。

平行产品的需求来源是计算式的，用户的需求是通过系统思考完整地推算出来的。垂直产品竞争的是谁能站在用户角度，更懂互联网自身的需要，一般比较系统和完备。

四、需求理解

平行产品和垂直产品对用户需求的思考和判断是完全不一样的，以通信需求为例，从以下几个角度进行详解。

（一）通信需求的思考和判断

通信工具的根本点在于通信关系的判定，通信关系的沉淀策略是通信录，通信关系的连接策略是通信双方自由通信匹配。理解这句话至关重要，通信关系的沉淀策略是垂直产品（通信录思维），通信关系的连接策略是平行产品（匹配思维）。

通信双方的通信门槛是动态的，即用户对不同通信用户的通信需求是不同的，所以其通信门槛也是不同的。

用户很多时候并不知道跟谁建立通信才是更好的选择（非必需的亲朋），这个事情交给算法来做。

平台互联网提供的通信工具本质上是通信需求工具，是子需求工具。用户互联网提供的自由通信首先是通信工具，继而才会考虑各种不同的子需求。

（二）通信工具的建立步骤

平台互联网的注意力通信产品中，不同的通信产品是并列的，即熟人通信、陌生人社交、兴趣社交、朋友社交等彼此并列独立。通信需求是通过用户分析、数据测试或从业人员灵光一闪发现的，具体过程如下。

第一，挖掘通信需求，即双方通信的目的是什么。

第二，再匹配有同一需求的用户进行通信。

第三，沉淀该同一需求的用户通信关系（通信录、关系链），平台互联网不同通信产品是并列式的。

用户互联网的平行产品中，任何用户都具备自由通信这个平行通信产品的根本能力，以这个根本通信能力为基础，根据通信关系判断是直接通信还是门槛通信。直接通信提供相应能力，门槛通信根据不同的门槛，提供满足不同门槛的通信能力，由此产生各种基于自由通信能力的细分垂直需求。由此可见，用户互联网的各个通信子需求是从根需求一级级往下推理出来的，具体过程如下。

首先，保证任何用户都具备平行通信能力。

其次，判断用户间的通信关系。

最后，根据关系确定通信条件和需求，继而提供相应产品满足特定需求。

用户是否具备自由通信能力至关重要，这决定了这两类通信产品是完全不一样的，因此需求判断、产品思维、设计思路、连接选择、交互方式、流通范围等都不一样。

通过上述内容，可以直观、形象地了解垂直产品与平行产品的异同。未来将会是一个垂直产品与平行产品相互补充的时代。

第三节　平行产品的革命性意义

平行产品的出现，具有一种跨时代的意义。用户和平台都将逐渐意识到，平行互联网和平行产品时代的到来。用户互联网代表着未来，用户互联网提供的产品更是代表着产品的未来。另外，平行产品不是提供平台属性的产品服务，而是让用户自身具备网络能力。用户具备哪些网络能力，不再受制于平台的主观决定。具体实现上，平行产品需要使用用户属性特征获取账户和实现连接，而不是使用平台身份（手机号码、平台账号等）。平行产品具有以下几个方面的革命性意义。

一、账户是用户的

平台互联网的垂直产品的账户是平台的，用户只有使用权，所以用户受制于平台，用户资产和行为数据也受制于平台。

用户互联网的平行产品的账户的所有权和使用权都必须是用户的，而要想实现这一点，应将用户属性特征作为该账户的唯一确定标准，即账户的获取是与用户属性特征绑定的，用户的账户及其资产跟随用户（特征）存在，而不受制于平台。区块链提供的公私钥的账户获取标准里，私钥由用户自己掌握，但在实际应用中可操作性不强，具体原因有以下三点：第一，不是所有的用户都有能力自行保管，最终还是需要托管的；第二，一旦丢失私钥，用户将完全丢失账户和其中的所有资产，这个后果用户无法挽回；第三，私钥确实难以记住，不像用户属性特征这样想丢都不可能丢。所以目前来看，使用用户特征作为账户获取的标准是保证用户账户私有和易操作的极好的方式。

用户属性特征是用户账户的唯一确定标准，即账户资产跟随用户自身存在，而不存在于平台账户。商业性的中心化组织不能成为账户的管理方，区块链网络提出的完全由用户自治保管的账户管理方式也存在非常大的局限性。目前较好的账户保管方式是由非营利性组织，尤其是官方监管组织担当保管方。在使用上，由用户完全自治。

二、连接是用户的

平行产品的目标是不受制于平台边界，在全网范围内基于介质自身的特性进行连接交互。相较于平台互联网中的垂直产品（根据平台属性的特征如平台账号等作为连接介质），用户互联网的平行产品的连接是完全由用户决定的，具体体现在以下三个方面。

第一，以用户特征作为用户间网络交互行为的连接介质，所见即可用，不需要额外获取。

第二，连接行为发生在全网任何用户（属性特征）影响力触达的当即位置。

第三，基于信息自有特征（用户属性连接介质）而非中心平台管理的一种自连接方式。

三、平行交互

平行交互是一种不受制于平台边界、可全网性交互的行为。每个用户都具备网络能力，该能力不是由平台赋予的，也不是一部分人有而另一部分人没有的。即使交互双方没有建立关系，也无须额外增加获取对方账号的成本，可以直接进行网络交互行为。

四、全网化

全网化就是以用户介质为连接介质，不受制于平台边界范围。用户的影响力可以触达全网任何位置，即在任何位置都可以即时完整进行交互。

五、全球化

全球化要解决网络产品影响力的问题，并让用户拥有网络行为能力。

以上五个方面揭示了平行产品具备的伟大的革命性意义。用户互联网是互联网发展的必然产物，平行网络和平行产品是其具体的表现形式。因而平行产品的出现是历史发展的必然，是“权力变革”的产物，也是互联网由从“平台统治”走向“用户自治”的标志。

07

第七章

应用领域

第一节　用户钱包

用户钱包是用户互联网时代一个平行产品，这一产品并不是灵感式和经验式的总结，而是通过合理推算确定的，原因有以下两个方面。

一、金融行为是无线上关系下最好的“打扰”行为

平台互联网中的垂直产品，需要用户先建立线上关系才能进行交互，如两个用户之间必须先是同一平台的好友，建立好友关系后，才能进行后续的通信行为。用户互联网的平行产品是在用户不建立任何线上关系的前提下，就可以进行交互的。如用户可以直接通过对方的用户特征（如人脸）进行转账，而不使用平台特征（如银行卡号等）。对任何被打扰方来说，金融行为（转账）是最可能被接受的“打扰”行为，因为大多数被打扰方都能接受这种形式的打扰，或许也更期待这种打扰行为。

二、金融领域是中心化机构最可信的领域

用户互联网的目的包括规避中心化不可信的风险，但与区块链的完全

去中心化不同，用户互联网认为中心有集中资源的高效价值，是去不掉也不必全部去掉的。用户互联网要解决的是治理商业平台通过产品影响用户的问题，减少可以影响用户的商业中心，相信监管机构等非商业性中心，尤其是官方中心。可以说，金融领域是用户自我保护感知最强的领域，毕竟涉及钱。平台侵犯用户的数据和隐私，用户的敏感度不高，一旦资金被侵犯，用户会有强烈的感知和反馈。金融是监管极强的领域，金融中心的风险相较于其他领域中心的风险是较低的。

相信通过上述解释与介绍，人们可以初步了解用户互联网时代的一个平行产品：用户钱包。它是用户无需建立线上关系，通过用户特征就可以直接扫脸转账给任何人的用户属性根钱包。

用户钱包需要通过用户真人面容识别登录后才能扫描对方人脸肖像进行转账。当前平台互联网的产品需要用户使用手机号码进行注册后才能获取平台分配的身份（如社交账号等）。而用户互联网的产品几乎全部使用用户属性进行获取和登录，不使用平台特征，也不获取平台身份。用户间连接的介质属性必须是用户独有的特征，而非使用平台分配的特征。因为平台分配的特征只能在该平台内使用，使用户受制于平台，不能实现全网范围连接。而用户属性的连接介质会一直跟随用户存在，用户在哪，其连接发生的位置就在哪。用户是可以在全网任何位置存在的，自然连接行为也会发生在全网任何位置。

用户有很多属于自己的特征，只要能唯一标识该用户身份的自有特征都可视为用户属性特征，包括生理特征、身份特征和资产特征等。生理特征主要是指人脸、指纹、虹膜等；身份特征主要包括身份证、权威公认的职位等；资产信息包括用户在真实物理世界的资产，如房产、车产等。人脸肖像是所有用户属性特征中最易被其他用户感知的信息，其他用户看到此肖像，即能清晰辨别对方的身份。其他用户属性特征相比较而言，则难以被其他用户清晰地认知。

用户互联网的平行产品与当前平台互联网的垂直产品完全不同，更具备革命性的意义。平行金融产品（如用户钱包）并不是一个平台属性的金融产品，也不是由平台的意志来决定用户的金融行为，而是让用户自身具备网络金融能力，让网络金融作为用户参与网络行为自身拥有的一种能力，用户到哪儿，该金融能力就到哪儿，用户的金融能力如何使用由用户自己决策。而要实现这一点，就必须只能使用用户属性特征获取账户和实现连接，而不能使用平台身份（如手机号码、平台账号等）。因此，用户钱包具有跨时代意义，也是一个伟大的用户互联网平行产品。

第二节　自由通信

从字面上理解，自由通信就是通信自由，指用户获得自主决策通信行为的能力，而不再受制于平台的管辖和制约。因此，用户互联网下平行通信产品最根本的要求是用户间可以自由通信，平行通信产品提供的不是平台属性的通信工具，而是让用户自身拥有网络通信能力，且该能力跟随用户到达全网任何用户需要即时通信的位置。在法律允许范围内，通信行为不受平台限制，通信内容不受平台管理，通信关系不被平台身份特征所绑定。

平台互联网思维下的通信工具或社交产品，使后来的创业者基本没有机会再打造同类产品，甚至可以说做则必“死”。这并不是创业者的问题，而是平台互联网背景下，产品的垂直特性和抢夺注意力特性所致。所以继续用平台互联网思维去做所谓细微差异化的通信工具或社交产品（场景社交、图片社交、陌生社交、垂直用户等），创业者虽有一定的发挥空间，但不会动摇现行通信工具的根本。通信工具是个非常特殊的领域，必须在起始阶段就以基础通信能力为核心点，以“花枝招展”的微创新性质为核心的通信工具或社交产品，不具备“由外入里，以点破面”的能力，不会成为通信领域的基建产品。

当前平台互联网的通信工具，有一个非常尴尬和矛盾的地方。后来者要做通信工具，目标必须设定为使之成为通信工具的基础设施。但也就是说，必须要使用基础通信功能，直面已有的受众量极大的 App，直接硬碰硬。但这在平台互联网时代里基本是不可能的，这也是一些 App 必然走向灭亡的根本原因。

不过这已经不重要了！因为用户互联网来了，用户互联网的通信产品与平台互联网的完全不一样。传统思维下人们认为只有改变计算平台才有可能改变通信工具的格局，但用户互联网会告诉他们，还有一种方式也可以做到。

用户互联网的通信工具与平台互联网通信工具最核心的区别在于通信能力在哪。在固定位置才能通信即所谓的“注意力通信工具”，这是平台互联网通信工具的思维；在触发用户通信需求的任何位置便可当即通信，这才是用户互联网通信工具的思维。任何平台都有机会在用户互联网时代的通信工具中站上浪潮之巅，尤其是场景丰富和为垂直人群提供专业服务的平台。微信在平台互联网中建立的通信工具具有垄断级的壁垒优势，但是在用户互联网中，至少削弱七成。因为其牢实的地基瞬间会变成沙土，仅剩其上层建筑（微信衍生的周边生态服务）这三成资源优势。

那么，如何给“自由通信”下一个定义呢？简言之，主动通信方可以通过直接或明确有效的路径实现与任何被通信方的通信。其中通信双方的关系越近，通信路径越短，动态门槛越低。为什么人人都需要自由通信呢？

互联网对网络通信的根本要求就是自由通信，让用户自身拥有基础通信权利和能力，用户的影响力触达到哪，该通信能力就应该出现在哪。其他诸如骚扰问题、真实性问题以及潜在的各种风险等，都不是根本性问题，是自由通信带来的负面影响，可由自由通信的匹配策略负责解决。另外，当前的通信工具只属于注意力通信工具，没有占据“明确通信路径”这种通信需求，不属于自由通信。因此，人们还要对网络通信有以下几个方面的认知。

一、用户自身拥有通信能力

用户互联网提供的是自由通信，其目的是让用户自身拥有网络通信的能力，这种能力可跟随用户出现在全网任何用户影响力触达的位置。

二、通信的根本

互联网的通信工具的根本就是通信关系而不是通信录，通信关系并不等于通信录，通信录只是通信关系的一种表现方式（沉淀），且该种方式也是可以优化的。

三、通信匹配

用户是拥有自由通信能力的，也存在潜在的通信需求。通信匹配的核心在于匹配策略的选择。匹配策略应由通信双方关系决定。

四、通信思维

平台互联网思维是有相同明确通信需求的人才能进行通信。如两个有共同兴趣的人可以进行兴趣社交。用户互联网思维下任何人都具有通信潜在需求，并且具备通信能力。因此，需要先判断两个人的关系，再根据关系判断潜在需求，然后继续提供满足需求的产品服务。

平台互联网通信工具的思维如下：线上模仿线下，即模拟线下关系，将线下建立的关系转为线上（但本质上我认为这个模仿思路有问题，是沉淀思路而不是通信思路）。该种思维下，通信工具的特点是门槛很高（先要确定目标对象，继而花费精力获取对方的通信账号），在通信前已建立初步了解和认知，适用于感情或关系的自然沉淀，属于“通信先难后易”的模式。

用户互联网通信工具的思维如下：线上即线下。线上属于线下拓展通信关系的一个场景，即线上与线下保持一致而非模仿。其产品的思路是先降低通信门槛，再积累感情，适用于以事沟通导向，属于“通信先易后难”的模式。

这两种思维，最根本的区别在于，两个要建立通信的人，是先熟悉后通信，还是先通信再熟悉。具体产品设计上也会因通信思维的不同而不同，诸如“申请添加好友”此类常识性功能的设计在用户互联网通信工具里就不会存在。至于哪个好一些，就要问一下通信的第一目的是什么了，是将已有的关系沉淀后再继续拓展与沉淀（重模式通信：感情沉淀导向），还是拓展新关系后沉淀（轻模式通信：正事交流导向）。好友列表中有成百上千个好友，与用户的具体关系占比分析也会影响通信模式的选择。

五、通信门槛

通信是主动通信方向被动通信方单方面进行的一种网络行为。主动通信方的通信需求远超过被动通信方，所以通信门槛是必需的，需要以此门槛来平衡主动通信的成本。

通信双方是有通信门槛的，主动通信方与被通信方并不能对等通信，且同一个用户与不同的通信方的关系是不同的，所以通信门槛也不同。用户互联网会正视用户间的关系差异带来的门槛差异，所以在平行通信中，双方的通信门槛是动态门槛，即被通信方对不同的主动通信方的通信需求的要求门槛都是不同的，视关系动态确定。而当前的平台互联网中的通信门槛完全由平台决定，且是相同的门槛，如都是通过对方的通信账号才能进行通信。

六、通信目的

用户有明确的通信对象和通信目的时，用户可自主进行通信行为。当用户有明确的通信需求但不确定通信目标或是用户没有明确通信需求但被通信的时候，用户无法主动进行选择，也无法提前判断即将到来的通信是自己需要的（惊喜）还是不需要的（打扰），这种判断选择将交给系统（算法）来做。

七、通信因素

通信因素分为通信内因和通信外因。通信内因指实现通信交互的因素，通信外因指任何能影响通信的外部因素。

通信内因可分为三个阶段：通信前、通信中和通信后。通信前指要找到通信的目标，即确定通信目标；通信中指获取通信目标的通信方式，以及实现添加与交互；通信后指通信目标的沉淀和维护。

通信外因指影响通信工具使用的因素，尤其是用户习惯、用户沉淀关系链、便利体验、账号价值、账户资产、支付能力、行为数据、数字作品创作等。通信属于超级特殊的存在，外因的作用更为显著。

八、通信介质

平台互联网通信工具的通信介质通常是固定唯一的，毕竟其通信能力来源于且受制于固定入口的注意力通信工具，且平台互联网下通信工具的通信介质是平台属性的，即平台赋予具有用户标识的账号等。以微信为例，通过搜索对方的微信号并添加对方为好友（平台属性），才能与对方建立连接。

简单来说，通过平台通信工具建立通信关系，至少需要三步走。

第一步，通信双方都在同一平台获取同质不同名的平台属性身份标识。

第二步，联系方需要通过某种渠道（线上或线下，通常有一定门槛）获取被联系方的通信账号（平台属性）。

第三步，经过添加操作和通过验证后方可正常通信。

目前第一步已经是基础，第二步、第三步存在可供互联网人发挥的空间。

用户互联网通信工具的通信介质是用户属性特征的，并不受制于平台，无须通过赋予的平台身份账号即可实现通信连接。且该通信介质会跟随用户到达全网任何位置，任何主动通信方都可以在任何触发需要联系被通信人的实时场景处，在无须转场到特定入口位置的情况下，完成即时、直接的通信联系。

九、通信位置

平台互联网通信工具是“注意力”产品，其能实现注意力一统，但其影响范围仅局限在该通信工具内。以微信为例，微信可以实现的是所有用户都在微信内通信，但当前思维下实现不了用户在任何需要通信的位置处通信。微信能够提供通信平台，支付宝里也可以为用户提供通信平台，但两者目前均做不到全网触达。

用户互联网思想下的平行通信工具，追求的是在任何触发通信需求的当即位置，用户都可以实时得到通信能力。

当然，用户互联网有能够实现在其他平台内投放本平台通信能力的方案，且不被其他平台限制。因为这种能力是用户互联网基础核心能力之一，除了通信能力之外，该能力更可以广泛应用于诸如信息、内容等几乎互联网任何场景。

十、通信边界

用户互联网的自由通信主要做的是用户关系的延伸。延伸和拓展具有一定的区别，图 7 - 1 介绍了通信边界的延伸与拓展。

延伸：用户在线上与在线下的影响力拓展本质上是一致的。用户在线

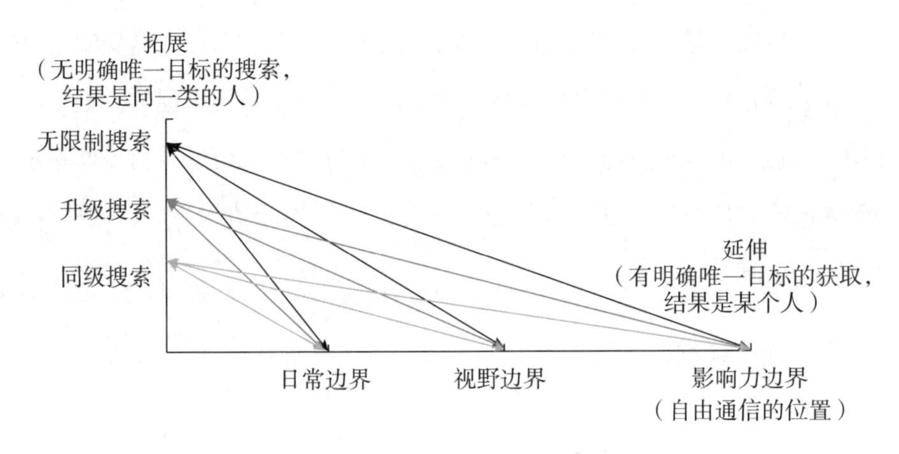

图7－1　通信边界的延伸与拓展

下会遇到很多的陌生人，其被通信的边界会随着用户的移动而扩大，潜在的被通信可能性也会随着用户的影响力拓展而变大。线上亦是同理。用户在线上被通信的潜在可能也会随着用户线上影响力的拓展而增加。究其本质，通信能力是用户自身具备的能力，被通信能力也是。用户在线下可以与出现在任何位置、遇到的任何人进行通信。同样，线上用户也是如此，任何被用户影响力触达的人都可以与其进行通信。

拓展：在用户影响力之外建立的通信关系。如两个人无论是在线下和线上，本就不相识，且彼此之间没有产生任何影响力，在此情况下通过“搜索”等方式强行建立通信关联。

十一、通信功能

平台方在提供平台通信工具的时候，会在功能服务方面反复纠结，毕竟产品细微的改动会影响海量的用户。诸如是否显示信息“已读”，是否限制分享视频的时长和照片的张数，用户数字作品的创作和分发规则等。

平台通常也会无奈，毕竟任何两个用户之间通信的目的可能是不同和不可预测的，面对诸如通信及被通信的条件等问题，平台只能提供统一的标准答案，而无法合理实现在通信功能以及用户间交互方式上的千人千面，以及对应的通信安全保障等。

用户互联网并不纠结这个问题。用户互联网会把本该属于用户的能力交由用户决定，当然通信是双向影响的，也会充分考虑被影响方该有的自主决定能力，如“探索智能判断 + 用户自主设置被通信条件”的方式，并不断进行优化……这里面蕴藏着广阔的想象空间和巨大的创新机会，甚至还会诞生以通信为核心向外发散的新商业模式和盈利模式。

十二、通信提供方

平台互联网提供的通信工具，本质上不是通信工具，而是通信需求工具、通信注意力工具，其本质是需求工具，是平台提供的解决用户某一通信需求的具有平台属性的产品。

平台互联网通信工具完全是平台属性的，用户只有使用权而没有所有权。通信工具的平台属性主要体现在两个方面，一是通信能力的垄断，通信能力的表现和形式完全取决于平台，如通信工具的功能有哪些、通信的规则设计等；二是通信关系、账户资金、行为数据等用户资产托管于平台手中，任其掌握。用户互联网会让通信工具跟随用户存在，即由平台属性转为用户属性，即使该通信工具依旧由平台提供。通信工具的用户化并不是让平台丧失了提供产品该有的收益回报，反而会给平台一个通过用户实现通信一统化发展的机遇，进入任何有此需求的位置和场景，即便是竞品的腹地，也可轻易进入，无法被阻止。

用户互联网并不是要求去掉通信平台，而是基于平台，让用户自己掌握通信能力、通信账户和通信关系链，且通信连接必须使用用户属性特征而不是平台特征，最终使用户可以在任何想要通信的位置做到即时通信，而不受制于单一平台。

十三、通信保障

除了基础的网络安全保障外，用户互联网的自由通信要求通信账户的真实性、通信者（尤其是主动通信方）身份真实性、被通信方不被骚扰等，同时会保障通信双方的通信内容的安全和隐私，诸如匿名通信中通信信息不被平台获取。

通过上述内容，相信用户会加深对网络通信的具体理解。那么，自由通信的基础核心是什么呢?

1. 通信介质

自由通信必须使用用户属性的介质进行通信连接，而不能使用平台属性的特征。

2. 通信位置

通信是用户自身拥有的网络基础能力，所以通信可以发生在全网任何用户影响力触达的位置，简单来说就是用户在互联网中任何场景任何位置处需要通信，都可以进行即时即地通信。

3. 匹配策略

通信的核心就是判断通信双方的关系，并根据双方的关系决策通信门槛，即提供匹配策略。自由通信的匹配策略取决于通信双方的通信关系，并基于双方的关系确定动态的匹配策略。

自由通信还有四个方面的重要意义，即用户自身拥有通信能力、通信行为自我决策、通信内容保护和关系链自治。

用户自身拥有通信能力：自由通信的目的是让用户自身拥有网络通信能力，通信能力跟随用户存在，在用户影响力触达的任何场景和位置都可以即时使用网络通信能力。

通信行为自我决策：用户自身具备通信能力，所以其通信行为不受制于平台，用户可自行决定通信行为和通信目标，对应的通信门槛则是由系统（算法）确定的动态门槛，而不是平台统一规定的平台门槛（只能通过平台属性的通信账号才能通信等）。

通信内容保护：用户间通信的内容，尤其是双方用户间的通信内容完全由用户自我管理，通信行为记录和具体的通信消息内容，平台不可知，即点对点通信渠道加密和保护，且通信行为记录可删除。

关系链自治：通信关系和其沉淀的关系链跟随用户存在，而不是跟随平台特征存在。简单来说，通信关系链必须使用用户属性特征沉淀，而不能被平台特征绑定锁住。如 A 用户想要与 B 用户建立通信关系，需要的不是 B 用户的通信账号（平台属性），而是 B 用户自身具备的属性特征。

自由通信才能体现通信的本质与核心，平台互联网时代的通信令用户受制于平台，只有通信的使用权，没有通信的拥有权；用户互联网时代则完全不同，用户拥有了通信能力，不再受制于平台，这也是用户真正需要的通信。

第三节　线条工具

用户互联网的业务架构是两层架构，底层是网络基础层，包含网络基础服务和平台基础服务，上层是用户自治的平行网络。用户自治的平行网络的核心工作就是提供垂直标准化服务，即线条工具。线条工具是特定时间内具备明确获取规则和唯一输出结果的单一标准服务。

线条工具有两个方面的重要内容，即固定不变的唯一结果和随时间改变的唯一结果。

一、固定不变的唯一结果

此类信息指的是已经产生且具有确定性特点的信息，相较于当前时间属于历史性信息，包括不限于以下几类。

1. 真理信息

如历史事件、当前时间、物理性的山川地貌等。

2. 试题答案

如数学、物理、化学等各个学科客观题的解题方式和答案。

3. 固定时间内的数据统计

如 2020 年 3 月全国各个城市房价排行榜，2019 年全国 GDP（国内生产总值）总额，乔丹的职业生涯总得分等。

4. 公共信息

如深圳现有三甲医院的总数量，具体名称分别是什么；北京现有五星级酒店的总数量，分别是哪些等。

二、随时间改变的唯一结果

此类信息指的是结果随着时间改变，但获取结果的规则和标准不变，且输出唯一结果，具体包括以下几类。

1. 数据类信息

例如深圳房价是随着时间变化而变化的，但是在某一时刻的结果是唯一确定的。

2. 数据整理类

侧重对数据的计算和整理分析，例如统计某公司历年财务情况，并自动输出报表等。

3. 流程类

例如某一时间在深圳注册企业的流程和所需要的资料。

4. 公共服务

例如学校试卷、教材、高考分数查询等。

除了上述两个方面的内容之外，当前平台互联网各种信息服务复杂冗余，任何人都可以对外发布任何信息服务，在保障用户信息服务创造权的同时，信息对用户的影响往往容易被忽略。如果不对信息服务加以管理，这将是非常不负责任的，容易导致用户被虚假信息、诈骗信息、营销信息影响和侵害。线条工具的目标就是让用户能高效快捷地享受有价值、标准、真实的信息服务。

第四节　净化工具

在当前的平台互联网中，信息并非干净纯洁，尤其是创造者需要通过诸如图片和视频等载体推广自己，所以内容中经常伴随着各种平台烙印，如发布的图片上带有平台水印，将短视频分享到其他平台时也会带有原平台水印等，即使这些内容是用户自己创造的也是如此。平台有其推广需要，但这种产生信息污染的方式却是不负责任的。用户互联网在不污染信息、保证信息独立干净的情况下，实现信息创造者的推广需要，而这要依靠净化工具。净化工具指的是通过去杂方式实现信息干净独立的工具类服务。例如，人们在平台里发布文章，并且在文章中配图（原创），文章发布之后，这些原创图片也会带有该平台的水印。如果有净化工具，原作者可以去掉平台水印，保护自己的原创知识产权。

净化工具的目标就是使互联网没有劣质信息，用户可以消费和使用干净独立的信息。用户看到任何一张图片、任何一个视频，都可以进行净化处理，后续再分享使用的时候也都可以用净化后的图片或视频（创作者的推广需求通过其他方式满足）。净化工具的净化方式有三种，即去杂、提取、生成。

一、去杂

去杂指的是在理解该信息的基础上，对当前的图片、视频进行优化，去掉杂质信息，保留原内容的完整意思。例如，一张带有平台水印的篮球图片，去杂只需要去掉平台水印等与该篮球图片自身意义无关的信息即可，保留其余内容。用户可在此基础上对原内容进行优化，输出优质的内容。

二、提取

提取指的是在理解信息的基础上，对当前的信息进行分析，分析出不同的局部信息，只提取其中的一个局部信息。例如，处理一张运动员扣篮的图片，提取指的是先分析出这张图片的局部信息有哪些，如运动员、篮球、篮筐。用户可提取其中的一个局部信息，如选择运动员这一局部信息，则输出的是一张只有该运动员的图片，用户可在此基础上进行优化处理。

三、生成

生成指的是从原来不可编辑的信息状态转变为可以编辑的信息状态，如文字、流程图、表格等。例如，用户看到一张有流程图的图片，可使用生成功能，将该流程图片中的流程提取到流程图编辑器中，实时实现便捷应用。

净化工具是互联网时代非常重要的一种工具，而互联网也需要进行全面净化，在保证互联网用户切身利益的同时，提升互联网环境的治理水平也是当务之急。

第五节　内容自动创造

当前互联网的内容大多是由用户创造的，经历了从专业领域专业人才专业创造走向人人都可以随时随地进行自由创造的阶段。机器自动创造的内容如新闻的自动生成等，目前还处于小众内容创造领域。随着网络技术尤其是人工智能技术的成熟，机器自动创造内容将逐渐成为内容创造不可忽视的重要部分，也将获取长足发展。自动创造的优势也是不言而喻的，主要体现在两个方面：第一，效率极高，以机器替代人工，效率是质的提升。以作图为例，设计师一天的成果数量多为个位数或十位数，但一些机器一天可以创造成千上万个作品；第二，作品质量高，机器的素材获取范围合理性远高于单个设计师，成品的可选性也远高于创作者。那么，内容自动创造都有哪些重要知识点呢？

一、自动创造的场景

自动创造指的是通过技术手段满足全部或部分内容需要并输出成品。自动创造过程类似一个黑匣子，一端是各种素材，另一端是要求，将素材投入黑匣子中，自动生出输出作品。

1. 图文的自动创造

图片的自动创造是较为简单的，如通过人工智能技术完成各类海报的创作、文章的撰写甚至一首歌曲创作等。

2. 视频的自动创造

标准化的视频内容创造是简单的，如按照规则对已有影视作品进行剪辑等，可将整部影视作品按需（如时长）剪辑成一段段短视频。稍微难一点的就是要求理解视频内容，自动筛选组合处理并配文等。创造非标准化的视频内容是较为困难的，多为组合式创造，根据提供的少量视频中的元素，如人物、背景等，由系统自动创造并输出。

二、自动创造不等于成品

自动创造既包括完全通过技术创造，也包括通过技术与创作者共同创造。如用户需要一张图，系统完全自动生成作品，创作者可在不参与的情况下直接使用成品，这种属于前者。又比如用户需要一张图，系统自动生成后创作者进行修改或润色，这种属于后者。

三、适合自动创造的内容

随着技术的进步，自动创造能解决大多数内容创造的问题。但不代表人为创造将消失。技术取代不了人类想象力和创作力，创作者依旧可以发挥其独有的创造性，创造具备个人独特色彩的内容。

1. 既定内容

既定内容指的是确定性的历史内容，如已经产生的影视作品、已经发生的热点事件等。

2. 无明确标准的内容

无明确标准的内容指的是用户对需要的作品有一个大致的描述，但对其具体是什么样的没有确定性要求。如企业要做一个宣传片，宣传片要有的内容，诸如企业的基本信息、发展历程、使命愿景等都是确定的，但最后的成片是什么样的，以什么效果呈现，企业并没有确定性的要求。此类内容可以通过系统自动创造生成供企业选择，或后续由设计师进行简单优化。

自动创造具备巨大的潜在价值，尤其在适合自动创造的范围内。掌握了内容自动创造的能力，也就掌握了用户消费的内容，并且能够通过内容影响用户；掌握了内容自动创造的能力，也就掌握了其他内容创作者，并且通过其高效特点助力创造；掌握了内容自动创造的能力，更可以分分钟推出内容类产品。掌握自动创造能力相当于扼住了互联网内容的咽喉。

第六节 公共服务

公共服务是指由政府部门、国有企事业单位和相关中介机构履行职责，为用户提供帮助或者办理有关事务的行为。这里公共服务特指是由官方提供的。网络公共服务是每个用户必须使用的网络基础服务，是用户使用的网络服务中唯一与商业平台无关的服务，由政府提供，不存在中心化不可信的风险，是用户可以信任并放心使用的服务。公共服务是政府线下服务的线上延伸。当前网络公共服务存在的问题不是产品服务不够健全，而是存在不够便利，用户不能准确找到、不会使用等问题。诸如法律方面，用户运用法律的能力相对较弱，获取法律援助大多也需要通过商业平台，有一定的使用门槛。因此，公共服务的位置和使用方式必须与商业平台提供的产品不同，要求极具便利性。

一、公共服务的特征

公共服务（此处特指网络用户可感知的公共服务，诸如网络基建等服务不包括在内）都有哪些特征呢？具体体现在以下几个方面。

1. 基础性

线上真实身份证明包括真人认证、实名认证、身份认证等。此类信息不应由各个平台独立去收集和验证，而是应由官方去做，毕竟涉及用户身份安全和隐私保护，更涉及网络安全。除了用户真实身份证明外，包括任何涉及需要官方为用户提供证明材料的场景，如用户的学历证明、居住证、资产证明（房产、车产）等。在全网任何需要使用用户身份证明的场景处，用户都可以出具官方提供的可信凭证，而不需要将明细信息提供给验证方。除了身份证明和其他证明外，宣传国家政策、进行网络普法也是非常重要的。当前平台互联网中，用户的法律意识仍不够强，许多人不知道如何通过法律维护自己的网络权益，法制宣传任重而道远。

2. 通用性

通用性服务指的是官方提供的社会性公共服务，是每个用户都必须享有的，一般为公共政务服务。如教育、医疗、卫生、社会保险、结（离）婚登记、各类政府政务公开网站等。

3. 专业性

专业性服务指的是具备一定使用门槛，适用于某一垂直领域的公共服务。此类服务并不是每个用户都会用到。如企业注册、上市、高考成绩查询、护照、驾驶证、就业咨询、技能培训等。

公共服务具有基础性、通用性、专业性三大特征。

二、公共服务的获取方式

如果从公共服务的类型和要求来看，公共服务的获取方式可分为主动获取和强制下达。

1. 主动获取

大多数公共服务都属于主动获取，用户可根据自身的情况选择是否需要使用，有需要就使用，没有需要就不使用。如法律维权，当用户遇到被侵权事件时才需要使用法律服务维护自己的权益，当侵权事件没有发生时，用户就不需要使用法律服务。

2. 强制下达

用户不需要主动获取即可使用的服务，即强制下达的服务。如疫情期间，为保障公共社会的卫生安全和其他用户的健康，所有流动性的人员需要提供健康码证明才能出行。开通并出具健康码就是强制要求出行用户必须使用的服务。强制下达的服务不需要用户主动获取，即可由官方提供给每一个用户。这也是官方平行能力的体现。

公共服务是网络产品中最基础且具备保障性的服务，大多数公共服务虽然使用频次不高，却是刚需，更是每个用户不可或缺的服务。鉴于公共服务相较于商业产品服务的特殊性，其位置也决定了用户能否更好、更快捷地使用这些服务。公共服务应被设置一个统一的入口，最好是直接放在桌面上（如手机桌面），例如专门有一页桌面为公共服务页。而不应该将各个公共服务分别集成在不同的平台产品中。例如用户可以在桌面的公共服务页找到公积金查询服务，随时查询，十分便捷。

08

第八章 一统化重构

第一节　用户属性的连接介质

在建设期，互联网的重要目标是从无到有建立连接。进入成熟稳定期，最核心的工作就是提高连接的质量和效率。同时，连接效率是决定互联网整体效率的三大因素之一（其他两项是基建性效率和注意力效率）。但是，用户互联网的连接方式与平台互联网的连接方式有着本质的区别。节点连接示意如图 8－1 所示。

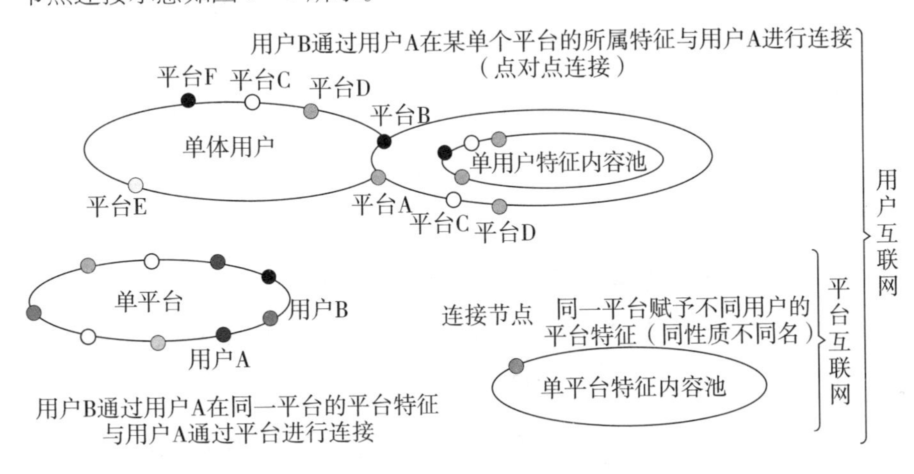

图 8－1　节点连接示意

在平台互联网中，连接是从平台角度进行的，用户 A 和用户 B 在同一个平台上，用户 B 通过用户 A 在同一平台的平台特征与用户 A 进行连接，连接的节点是同一平台赋予不同用户的平台特征，这些特征性质是相同的，只是为区分不同用户提供不同的名称罢了。

在用户互联网中，连接是从用户角度进行的，单体用户掌握着自己所有可进行连接的特征，而这些特征分布在全网任何用户能够触达的地方，用户 B 可以在全网任何位置发现用户 A 的属性特征，以此为节点，直接与用户 A 进行连接。当然在用户互联网中，连接的定义除了用户间的直接连接之外，也包括用户通过平台进行连接。

除此之外，还有这样一些观点。区块链中点所代表的主体更多是独立用户，而用户互联网认为，点是互联网任何独立存在的因子，其不仅仅包括独立用户，更包括海量粒度更小的独立网络因子。独立用户是受制于平台边界的，但这些海量的更小的粒子则可以独立于平台的控制体系之外，可以全网流通，用户互联网将重新定义连接点。区块链思维下的连接中介就是中心化平台，其改造方式就是建立一个没有平台参与的独立系统，所以其追求去中心、去平台。用户互联网思维下，连接介质指能实现连接的任何因子，追求在触发需求的场景处即可实现对需求的满足，或者说连接介质就是产生用户需求的触发因子，不需要额外转场通过其他因子完成连接。区块链思维对“直接”的理解更多是主体身份不经过第三方直接连接。用户互联网思维对“直接”的理解，除了包括主体身份这层理解之外，更包括单个主体不同身份表达的直接连接，因为不同主体在网络上有不同的身份，同一主体也有不同的网络身份表达，如表达身份的各个标签、账户、内容等。

一、平台互联网连接介质

平台互联网中的连接指的是，所有的连接都发生在平台域内，所有的服务都要到平台特定的产品中满足。平台互联网的连接介质有以下几个特点。

（一）平台属性

当前用户间交互都是通过平台进行的，用户要满足某类需求，需要到特定平台注册，并获取平台分配的平台身份，通常是平台属性的账号。而用户间是通过这些平台属性的账号进行交互的。通过平台属性进行的连接有风险，用户完全受制于平台，其需求的满足也完全受制于平台，其行为数据和资产也受制于平台。这也是用户与平台之间关系不可能对等的根本原因。

（二）注意力属性

当前平台提供的几乎所有产品都是注意力产品，用户要完成满足需求，需要到特定的平台才行。注意力属性的优势在于实现品牌效应和注意力聚集效应，让用户有明确的解决需求的地方。但其也有弊端，就是需要转场，需求产生的场所与满足需求的场所是分割独立的，需求并不能在当即场景下即时被满足。同时，在同一个产品中产生的需求，也需要到该产品中特定的位置转场才能完成。

（三）间接连接

用户之间通过平台进行连接，平台即成为连接的中介方，本质上是间接连接。间接连接的效率是不如直接连接的，但其优势是可以保证连接的质量和效果。同时，这样需要承担连接成本，其成本有可能是金钱，也可能是受制于平台后的潜在价值。

（四）固定性

平台的连接介质一般是比较固定的，且数量较少。诸如在通信工具中，用户间只能通过通信账号进行连接交互，通信账号是平台用以标识用户身份独立性和唯一性的连接介质，且许多通信平台通常只会赋予用户唯一的通信账号。

二、用户互联网连接介质

用户互联网的连接指的是在全网范围内，用户在哪，需求就在哪，连接就发生在哪，最合适的产品服务就该出现在哪。简单来说，全网任何位置处都会产生用户需求，都需要即时匹配最合适的产品或服务。当前的平台互联网是通过平台或者平台赋予用户的特征进行连接的。而在用户互联网中，任何具备明确定义的元素都可作为连接节点，且连接的属主既有平台，更有用户。用户互联网的连接介质有以下几个特点。

（一）用户属性

使用用户属性的连接介质，是用户互联网的核心所在。

（二）定义和选择

任何用户属性的标识都可以作为连接介质，这些标识包括且不限于生理特征、线上身份、数字作品等用户属性的内容或信息。当然，如何定义和选择合适的介质，是十分重要且具有挑战的事情，而且介质的治理将成为非常关键的工作。

（三）自然属性

自然属性指的是连接的位置和连接介质的应用场景，相较于平台互联网的连接需要转场，用户互联网的连接发生在任何有连接需求的场景位置。

（四）直接连接

用户互联网和区块链都追求点对点直接连接，但本质是不同的。区块链思维下要做的是去平台中介，实现用户之间的点对点连接。而用户互联网思维下要实现的是任何互联网独立因子之间的直接连接，粒度更小，追求的是在触发需求的场景位置处，通过触发因子在不需要转场的情况下，即时完成连接。

平台互联网的连接与用户互联网的连接有较大的不同。与平台互联网相比，用户互联网的连接更加自然、更加符合用户的需求，并且赋予了用户更多的能力，使之不再受制于平台。

第二节　需求的处理方式

平台互联网和用户互联网，对需求的处理方式也是不同的，主要体现在建立连接的方式和满足需求的功能来源这两点（见图8－2）。

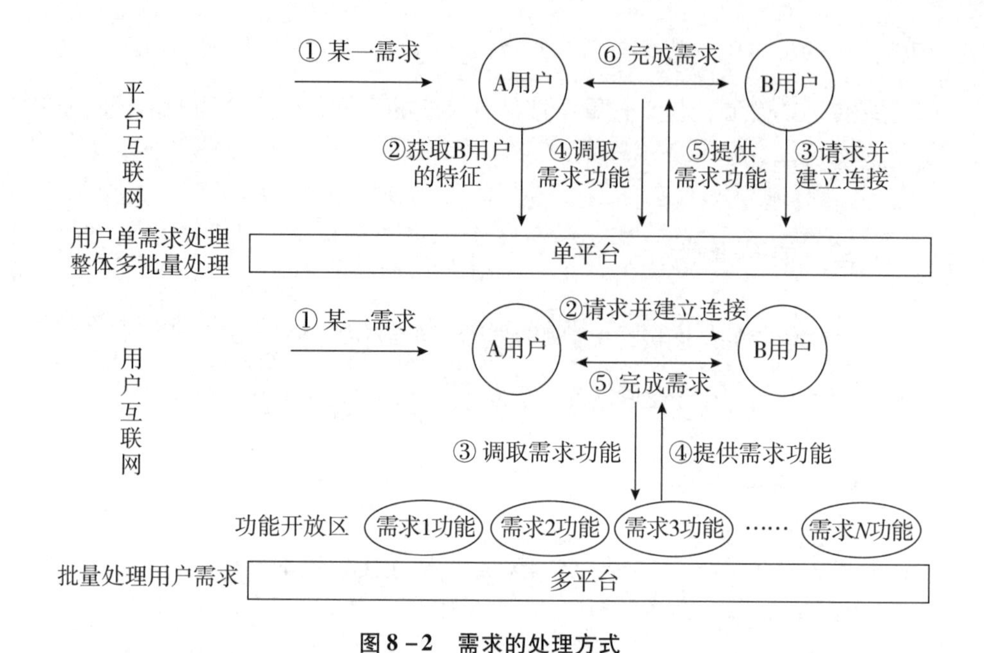

图 8－2 需求的处理方式

一、平台互联网的需求处理方式

1. 建立连接的方式

在平台互联网中，用户间建立连接通常需要两个步骤：第一，用户双方需要在同一平台内，且都要获取平台身份；第二，一方通过一定的门槛获取另一方的平台身份特征，并进行请求连接。

2. 满足需求的功能来源

用户在某一平台产生需求，该需求只能在这一平台得以满足。解决该需求的产品功能全部来源于本产品。受制于单个平台的能力，功能对需求的满足大多数情况下都不会是最优的。比如用户在某一信息工具中产生了搜索的需求，但受制于该信息工具的局限，很难从该信息工具中获取完全准确和具有最大价值的相关搜索信息。

二、用户互联网的需求处理方式

1. 建立连接的方式

用户互联网中，连接行为通过用户属性的特征进行建立，可以理解为任何触发用户明确建立连接目标的信息因子都可以作为连接到该目标的连接介质，即在当前场景可以即时完成建立。

2. 满足需求的功能来源

用户在某一产品内需要完成某一需求，可以满足该需求的产品功能并不会受限于该单一产品。其来源判断的标准是更优质的同类功能，并兼顾交互和呈现的体验（核心是用户自身拥有的网络能力的提供方）。

平台互联网的需求处理方式完全依赖于平台，用户只有获得平台身份才能建立连接，并满足需求。如果平台拒绝了用户，或者平台的功能不够强大，用户需求处理就会受限。用户互联网则完全不同，它功能更加强大，并让用户拥有网络能力，这也是推广用户互联网的重要原因。

第三节　重新定义网络产品

在当前平台互联网中，几乎所有的产品都是平台属性的，使用这些产品的用户必然受制于平台提供方。平台可以任意设置规则，定义产品，且该产品一旦处于某一领域的主导地位，则用户基本无法脱离该平台，用户的权益和资产也都无法得到保障。而在用户互联网中，除了平台的产品外，还有属于用户的产品。

想打造用户互联网时代的产品，需要拥有与当前平台互联网思维完全不一样的新产品思维。在平台互联网中，产品多以 App、网站等完整独立的形式存在，或者基于平台，用户进行创造，诸如公众号、视频号等。这类产品的模式较重，专业度和服务提供的门槛都较高，且需要完整的开发团队、维护团队、运营团队等。平台属性的头部产品强者恒强，头部效应显著，且其逐渐不再是满足单一需求的产品，而是向综合性产品发展。此类产品挟其在某一领域的垄断位置，捆绑其余功能在其他领域强行拓展。在用户互联网中，任何归属于用户的内容乃至信息元素，只要具备明确且独立的表达内容都可定义为产品，且其粒度就是信息粒子粒度。

注意力产品指用户在特定位置（固定入口）才能得到某一需求满足的产品。当前平台互联网提供的产品都属于注意力产品。平行产品指的是在全网任何触发需求的场景位置处即时提供满足的产品。平台属性的产品最大的特点和优势在于“注意力”属性。其在某一垂直领域有较强的品牌度和专业度，使用户基本达成了共识，尤其是国民级的产品工具。典型的是主动搜索和通信工具，完成信息的查询和社交通信必须到特定的搜索引擎和通信工具内。注意力产品的本质追求是入口，即在用户脑海里建立“需求即本产品”的强意识。平台互联网最核心的竞争点就是对各种垂直服务对应的注意力入口的占领，建立“注意力品牌”。注意力产品的一大特点就是强者拥有一切，后来者难以竞争。用户互联网要求做用户属性的平行产品，跟随用户，在全网范围内可以进行连接交互。互联网对产品的根本要求是平行产品，产品能力是每个用户的权利，所有的产品服务应与用户传播影响力的各种信息（需求诞生处）相绑定。

除此之外，网络产品的治理非常重要。网络产品除满足用户的需求外，天然带着一种平台对用户的影响力，本质是对用户注意力的打扰和定向转移，具体表现为平台通过产品以发送内容等方式对用户输出影响力，这种影响力是明显且强烈的。这种影响力有可能是服务优化延长（营销和留存），也有可能是对用户的控制（基于功能服务的网络行为控制和基于完全托管式合作的资产数据控制等）。如何定义和使用这种影响力，就成了核心问题。当然，不仅仅是平台对用户的产品影响力需要治理，用户间的相互影响力也需要治理。

第四节　标签的定义和使用

通常来讲，标签是以关键字的方式来标识目标产品或用户，便于后续快速查找和定位。尤其是在当前平台互联网中，平台对用户广泛进行标签化操作以实现对用户的了解。用户在不同的平台具备不同的平台身份，与之对应，也有不同的标签，标签的准确度通常取决于平台对用户数据的分析，标签化对于以大数据为核心的价值变现方式至关重要，对不同用户的不同标签，也决定了平台对不同用户实行不同的策略和产品服务，通常是以智能推荐和精准广告的形式进行。更重要的是，标签是需求和产品服务连接的桥梁，将在用户互联网中有着全新的定义和应用。

标签，无论是对用户还是对内容来说都至关重要。标签，代表着对被标签主体的一种理解和认知，也是对被标签主体的一种概括和表达。尤其是在信息过载的网络世界，根据被标签主体的性质和特点对其进行分类，有利于实现影响力或服务的准确和快速触达，有利于高效进行批量化操作和服务。同时标签化是一种聚合用户共同行为的方式。

在用户互联网中，标签的意义不止于此。标签不仅仅是用户出于自我需要的一种标识，标签的定义和使用有其自身和官方的意义存在，标签是用户自身畅游网络中使用不同服务必备的特定通行证，可以跟随用户穿越平台实现全网范围流通。在用户互联网中，标签的对象可以是任何具备明确独立性的主体或信息。无论是互联网的参与方，平台、用户或其他主体，还是产品或信息内容，都可能被标签化，也都会进行标签化操作。

标签都有哪些类型呢？对网络主体（用户、平台等）来说，标签通常分为两类，一类是基础标签，另一类是数据型标签。基础标签指的是对该主体线下真实关系进行线上真实映射，即该主体在真实物理世界的身份或特征是什么，真实地还原于线上。其应用领域相当广泛，通常是涉及线下交互的场景，典型的基础标签有身份证信息、各种通行证等。数据型标签通常是对用户网络行为的表达和记录，用以描述该用户在网络上的行为特征和喜恶爱憎等，便于平台迎合用户的喜好和规避用户的恶憎制定相应的服务策略。对产品或信息内容来说，标签是其价值的体现和代名词，也是衡量其传播路径和使用范围的标尺。

基础标签背后代表的是用户或平台组织的真实物理身份和特征，自然应由官方来负责定义和管理，这些标签在全网任何平台内流通时都是统一，不会因不同平台的意志而改变。数据型标签更多取决于不同的平台对其所属用户或该平台组织内部的不同需要，平台自然会进行操作。对产品或信息内容来说，标签化操作是困难的。通常可由不同的主体对其进行标签操作，平台可进行标签操作，信息内容的创造方同样可以，甚至机器也可以根据信息内容被消费的情况进行自动标签操作。由于信息内容或产品的不可量化，以及理解的难度较高，当前的标签化准确度并不高。加之创作方有吸引注意力的商业需求，“标题党”的需求更会导致标签的不准确。如何准确理解产品或信息内容的真实表达意义，如何平衡各方对注意力的需求，如何进行标签操作，是互联网人一直需要面对和优化的问题，而且相当重要。

对网络主体来说，标签的定义和属性，决定了标签的应用方式和应用场景。基础标签是用户属性的，可以跟随用户到达全网任何位置，同样可以在全网任何位置进行验证。而这会让用户有一种实现跨平台交互的能力。这种能力是直达无障碍的，具备强大的贯穿能力和效率，更可以自成系统，创造新的应用场景和应用方式。平台属性的数据型标签，与当前平台互联网中平台对标签的应用是相同的。对信息或内容来说，标签的使用通常在于需求和满足需求的服务之间的连接。标签越准确，连接匹配的准确度也就越高，而这种连接匹配，正是用户互联网的核心工作，所以至关重要。

第五节　信息获取决策

用户消费什么内容由谁来决定，以及如何决策？这个内容指的是产品服务、信息、数字作品等所有可以产生用户网络行为的内容。信息获取的决策权至关重要。内容是用户思考的来源，能影响乃至塑造用户的认知、价值观等，进而影响用户的行为以及处世方式，乃至影响用户成为什么样的人。换言之，谁掌握了用户信息获取的决策权，谁就控制了用户。

信息不同于线下商品，其自身带有两种影响力：第一，对其他信息的连接影响能力，即一个信息对另一个信息被消费可能性的潜在影响力，两个信息之间的关联性越强，影响力越强，连接也越准确；第二，对信息消费者的影响力，对该种影响力的治理和应用，是非常重要的。

用户在线上获取的信息内容，也分为两类，即用户决策的主动内容和平台决策的被动内容。

1. 用户决策的主动内容

它指的是用户主动获取的确定化的内容。这其中的确定化并不是唯一化，而是指平台不可改变。如微信好友分享的内容，平台不能改变其内容或设置是否可以进行消费的权限。用户自己创作的内容、关联好友创作的内容，主动搜索且结果确定性的信息，这些内容的获取都是用户自我主动决策的结果。

2. 平台决策的被动内容

除了用户决策的主动内容之外，互联网大多数内容都是平台决策的被动内容，包括用户主动搜索但由平台决策搜索结果的被动内容、完全由平台决策的被动内容和产品功能以及机器算法根据用户喜好智能推荐的内容。

那么信息获取决策权到底归于谁呢？当前能决定用户看什么内容的大致分为三类，即用户自主决策、平台决策和机器决策。但究其根本，依旧是由平台决策，内容决策权在平台手中，平台决定了用户看什么内容。用户互联网追求的是在用户自我决策内容的前提下，提供最短路径的内容主动搜索和智能推荐。其一，提供快速且标准的内容，满足用户的主动需求；其二，根据用户设置、内容自身的价值以及算法等进行多维度综合推荐。

当然，实现用户自我决策最重要的就是对内容自身的理解以及合理的连接匹配。对内容理解越准确，连接匹配准确度越高，也就越能实现用户对信息的独立自主决策。

第六节　效率导向的身份化处理

线上身份是网络主体（用户、平台等）线上的身份证和通行证，用于标识个体用户的真实性和独立性，是其参与互联网活动的重要基础，是网络实名制的要求，也是各个网络主体之间连接交互的需要。除了网络主体具备线上身份外，信息或内容同样需要“身份”，如平台对某一数字作品或作品集合给予的账户等。常见的诸如以“关键字”为代表、“数字 ID（身份标识号）”为具体表现的各种内容的集合。线上身份并不等于标签，线上身份代表的是对网络主体或信息内容的一种确定性和唯一性的身份证明，标签更侧重于对网络主体或信息内容的理解和归纳。

产品服务是否需要线上身份取决于服务自身是否需要用户身份。有些产品服务是不需要线上身份的，常见的如搜索引擎的使用、新闻信息的阅读等，这些服务与使用的需求方的身份并无关联，平台不应该强制用户必须注册才能使用。当然诸如社交、电商等产品服务对用户进行身份认证是必需的。

同一信息内容在不同的平台会获得不同的关注度和流量。或者说，某关键信息在某一平台的影响力地位是其他平台即使有相同信息也不可比拟的，也就是信息在某一平台有一定的“品牌”效应。同一信息在不同平台的“身份”自然也不相同。实现不同平台信息间的连接，在任何一个位置都可以匹配与其他平台相同的最优信息，去掉该信息在本平台的身份，而直接与其他平台中的该信息进行连接十分重要。例如，想要在搜索引擎上主动获取某关键字的信息，在全网范围内匹配有关该关键字最优的信息。那么应该如何处理身份呢？用户线上身份连接如图 8－3 所示。

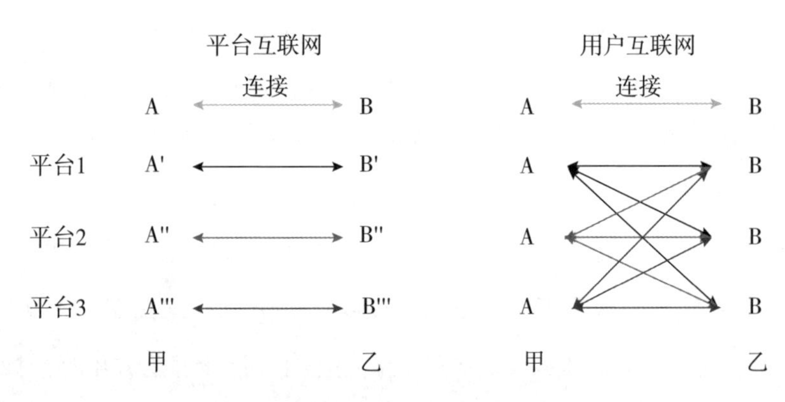

图 8－3 用户线上身份连接

其中，平台 1、平台 2 和平台 3 分别代表不同的线上平台或线上产品；甲和乙代表不同的实体主体，如物理用户、物理平台或物理组织等；A 和 B 分别对应甲和乙的线上身份。

在平台互联网中，互联网元素被赋予另一个身份，而不是本来可以直接连接的相貌，即用户认知的特征与用户实际操作的特征是不一样的。甲在不同的平台具备不同的线上身份，分别是 A′、A″和 A‴，同样乙在不同的平台也具备不同的线上身份，分别是 B′、B″和 B‴。且同一个用户甲或乙，其身份只有在相同的平台才能进行连接交互，不同平台不能进行连接交互，例如 A′只能跟 B″连接。

在用户互联网中，甲在不同的平台具备相同的线上身份（都是 A），并不会随着不同的平台有不同的身份；同理，乙在不同的平台有相同的身份（都是 B）。同时，甲和乙可以实现在不同平台间进行连接交互，不受制于平台。例如，平台 1 中的 A 除了跟平台 1 中的 B 连接之外，还可以跟平台 2 和平台 3 中的 B 连接。当然，甲和乙不仅可以代表实体主体，也可以代表具备明确且独立意义或可被用户形成认知的信息元素，包括信息、内容、产品、商品等。

第七节　网络产品的位置选择

当前平台方对产品形态很是痴迷，但更应该注重产品所处的位置，位置在很大程度上能决定产品形态，也能决定产品的交互使用情况。创造和思考新的产品位置，是非常重要的。目前按依托的位置划分，产品可分为系统级位置、桌面位置和产品内位置，这些都是当前较为成熟和稳定的。而信息载体位置，是用户互联网核心要做的。

一、系统级位置

系统级位置指的是由硬件提供方决定、以桌面产品为主要表现形式的网络产品。通常是基础性产品，诸如电话、短信、相机、本地图库、设置、文件管理等。这些产品都是组成硬件的必要软件，通常不可卸载和删除，这也是软件方提供不了的网络产品。

系统级网络产品取决于用户对硬件使用的依赖性，通常各硬件方都有自己独立的一套完整基础产品，且具备排他性。系统工具虽是硬件必需产品，使用频率也较高，但其属性更偏基础工具，商业性的潜在能力远不如体验性产品。正如食盐虽为人所必需，但其价格并不高。所以，目前硬件方的策略是以硬件工具为基础实现对体验性软件产品的渗入。其产品形态一般以 App 这种大单元服务集合为主。

二、桌面位置

桌面位置指的是软件产品在硬件的表现和存在的位置，诸如各种软件产品在手机桌面或电脑桌面的区域位置。桌面位置是当前各软件方争取的入口位置，是软件产品的表现入口，也是当前对用户注意力吸引和影响极深刻的位置。当前互联网核心的产品都是以软件为表现形式进行对外服务的。注意力的价值不言而喻，注意力产品的价值自然很高。

过去平台间的竞争点都是抢占桌面位置，抢占注意力。但当前整体来看，大局已定，虽不乏垂直产品的突然爆发，但终究昙花一现。尤其是当前存量市场，竞争的主力已经从万众创业转为巨头之间的竞争。其产品形态一般以 App 这种大单元服务（内容）集合为主。

三、产品内位置

产品内位置指的是产品提供方的产品需要依托某个确定性的平台才能实现为用户服务。诸如当前平台互联网中，数字内容创作者依托于内容平台，输出文章或视频内容；小程序产品必须依托某个平台才能为用户提供服务；等等。

在产品内位置处提供服务是当前互联网中较为普遍的现象，甚至是小创业者的首选创业方式，因为其具备以下三个特点：第一，门槛低，创业者不用耗时耗力做一个独立的软件产品；第二，流量大，依托平台海量的流量，可以快速实现用户增长；第三，变现易，平台提供了变现渠道和方式，帮助创作者获利。当然对平台来说，越多的创作者参与其中，对平台的反哺越多，也更有利于平台的价值提升，促进生态繁荣。其产品形态一般以某垂直领域的大单元服务（内容）集合为主。

四、信息载体位置

系统级位置、桌面位置和产品内位置，这三种位置都是平台提供的，都属于平台性位置。其产品一般以服务集合的形态存在，粒度较大，且平台一般都会为其增加本平台的属性。例如，平台内的用户数字作品，在跨平台分享时，都会有原平台的水印等。用户互联网追求的是跨平台实现全网性连接，其位置在任何信息介质上，所以必须要求服务产品形态粒度足够小，且不能具备平台属性。特别重要的是，位置能决定产品形态。

通过上述综合分析不难看出，用户互联网需要的是跨平台、拥有用户权限、去平台属性的位置，需要一种可以决定产品形态、用户需求的位置，而非平台提供、极具平台影响力的平台性位置。

第八节　信息的位置和触达方式

信息触达指的是信息所处的位置到消费者之间的路径和表现方式。此处所指的信息包含一切数字作品、内容、产品等可用于用户消费的信息。信息和消费者中间是有距离的，如何创造或选择连接信息和消费者的最佳路径和匹配策略，以及同种信息更适合的表达方式（受场景、位置的影响），是非常需要思考的问题。

任何信息都需要依托在某个网络位置才能被用户消费。对所依托位置的理解是从该位置是否可以获取明确且固定的信息内容。从信息与位置的关联性看，信息的位置大致可分为固定位置、相关位置和无关位置。从位置的角度看信息，同一个信息可能会同时处于多个位置。当然，信息的粒度也决定了位置与其的关联程度。如购物场景中，固定的购物软件与购物的关联很强，但与购物软件中的某一款产品的关联很弱。

一、信息的位置

（一）固定位置

固定位置指的是信息只能出现在确定性的位置，即该信息的位置是固定不变的，要找到该信息只需要到达该位置即可，非常明确。如用户在社交账号中分享的内容，存在于该用户的社交账户中，只要到达该位置就能看到该信息。

（二）相关位置

相关位置指的是信息跟所在的位置有较明显的关联性，要获取该信息，到该位置即可获取该信息或与其相关的信息。典型的是搜索引擎，通过搜索引擎，用户可以获取目标信息或与目标信息相关的信息。

（三）无关位置

无关位置指的是信息自身跟所处的位置并没有关联性或关联性较弱。简单来说，就是该信息并没有固定位置，用户主动获取该信息并没有明确的获取路径。尤其是在当前平台互联网中，各个不同的平台作为一个个信息服务不互通的孤岛，造成了用户确定性需要的信息并没有明确获取的路径，即用户几乎要到所有平台进行主动搜索才可能获取想要的信息。反过来，这也是信息创造者会尽量将同一信息发布到众多不同平台的原因。

二、信息的触达方式

固定位置的信息触达是直接性质的，效果最好；相关位置的信息触达效率仅次于固定位置的信息触达效率，但是非常重要的一种信息流通方式；无关位置的信息触达更多是基于平台或其他推广方的需要，或商业诉求或影响力推广，对信息消费者来说是一种对注意力的打扰和转移。

影响信息触达效率的因素有平台（信息依托的位置）、信息自身内容、信息的表现形式、对信息消费者需求理解的准确度以及匹配策略等。平台既是创作者信息的依托位置，更是用户的信息消费场所，是基础性的连接位置；信息内容的质量优劣也决定了这个信息被消费者的对待情况（如收藏、关注等)；同一个信息是用文字还是图片乃至视频形式表达，决定了信息被消费时的体验感或信息传达的准确度。当然，了解消费者对信息的需求程度和选择习惯，也是至关重要的。

信息触达最重要的是缩短创造者的信息位置和用户需求位置的距离。距离越短，连接的路径越短，信息触达的准确度越高。当前主要有两种路径匹配的视角，一种是从用户需求到信息位置，另一种是从信息位置到用户需求。当然，路径也有确定性路径和不确定性路径之分。

从用户需求到信息位置主要指用户主动获取信息。用户分别从固定位置、相关位置和无关位置获取信息。该视角的核心点如下。第一，信息的品牌性，如某一商品在用户心里的口碑，品牌性就像信息黑夜里的明灯，能照亮来路，指引用户来此；第二，位置的品牌性，正如搜索引擎这个位置，让用户有了“获取信息就来搜索引擎”的强烈意识。当然，受制于各平台竞争独立性的需要，信息的割裂减弱了信息位置的品牌性，增加了信息获取路径的长度。

从信息位置到用户需求主要指信息主动找用户。一种是信息发布的原始位置，另一种是信息传播时的选择位置。信息发布的原始位置，通常是确定的，就是创作者重点运营的阵地，只是不同作者可能存在于不同的平台。当前的优化重点都在信息传播时的选择位置，无论是机器算法对用户的个性化智能推荐，还是强制性的推广。

用户互联网在信息触达和消费领域的核心工作就是信息与信息介质在当即场景上的匹配策略，它不受制于平台边界，不受制于创造者的发布位置，同时会在满足用户主动需求的情况下提供最优的内容，避免过度打扰用户。当然，用户互联网会创造一种新的触达能力，实现跨平台范围的下发和匹配，尤其是针对标准性的信息或者权威性的信息。

第九节　信息的交互和表现形式

用户间相互表达或传播信息，该信息将以何种形式进行存在和表现，接收方又该以何种方式触发对信息的接收呢？无论是交互还是表现形式，都受制于内容自身和所处的场景。当然，交互和表现形式也相互影响。

一、信息的存在形态

信息的存在形态大致分为两种，一种是直接表达式，另一种是触发表达式。

（一）直接表达式

直接表达式指的是信息的创作场景和消费场景是相同的，所以信息创作方和信息消费方会看到相同的信息状态。例如，通信方给被通信方发了一条以文字形式表达的信息，被通信方对该信息的接收是直接式的，不需要额外的动作触发即可看到完整的信息。图片也属于类似情况。

（二）触发表达式

触发表达式指的是信息的创作场景和消费场景是不同的，具体信息的表达是封闭起来的，通过集合对外表现出一个信息入口，该信息需要被接收方触发操作打开后，才能查看完整的信息。如当前的文件夹、各种文件类型（视频、语音等），信息消费者只有在点击后才能看到具体信息。触发表达式可以实现创作场景和消费场景的分离，所以其优势在于便于信息传播，多用于在公域领域分享。

二、信息的状态

信息根据根本性的价值可分为两种状态，一是实效性信息，二是历史性信息。

（一）实效性信息

实效性信息指的是必须在特定时间和特定位置消费该信息，才能获取该信息的最大体验和价值。实效性信息对用户来说，通常是有明确获取路径的。典型的实效性信息有院线上映的电影、各种直播内容、日更或周更的剧集、内容独播平台上的信息等。

（二）历史性信息

历史性信息指的是已经发生过的既定信息，该种信息是确定性的，具有不可更改性。当前大多数信息都属于历史性信息。

三、信息的交互形式

信息的交互形式也分为两种，即脱离式交互和接触式交互。

（一）脱离式交互

脱离式交互即人机分离，操作的位置和服务响应的位置是分开的，产品从入口到具体信息的交互位置，中间的路径较长。脱离式交互的目的主要是提高交互效率，跳过其中的路径直达需要交互的信息位置。脱离式交互通常应用于核心且普遍性的场景，尤其是线上线下的连接场景，如扫描二维码、刷卡出行、刷脸支付、指纹打卡等。脱离式交互通常将软件本身自带的能力，寄托在用户实体特征上。脱离式交互的想象空间非常大，还有更多的交互方式和场景值得探索。

（二）接触式交互

接触式交互指的是操作的位置和服务响应的位置是相连或相同的，主要指软件内的行为。当前软件内的交互方式和信息的表现形式是由软件提供方即平台决定的，这样的交互在平台内的体验感很好，但是出于平台的需要，一旦发生跨平台交互，体验就变得非常差。用户互联网对交互的变革更侧重于直达信息而不受制于平台的交互规则，创造新的可以跨平台（不受制于平台）的交互方式。

四、信息的表现形式

信息的表现形式又是怎样的呢？实效性信息和历史性信息的表现形式是完全不同的。实效性信息的要求是即时表达，通常以直播的方式进行，载体大多以视频为主，体验感至关重要。历史性信息是既定的、不可更改的信息，对用户来说，相较于实效性信息其价值较低，用户对其的忍耐性远不如实效性信息高，所以用户对历史性信息表现形式的要求很高。

用户互联网信息表现形式的核心在于历史性信息的表现形式，如何给历史性信息配以更优的表现形式或组合？简言之，一个确定性的且在用户心中没有强烈实时需求的信息，其表现形式很大程度上决定了信息体验和消费情况，这是要持续性关注的问题，同时对历史性信息做标准化处理至关重要。

第十节　单方网络主体的行为方式

单方网络主体的行为方式指的是网络主体不需与其他主体主动进行交互即可完成的网络行为。当然，绝对意义上的单方行为是不存在的，网络主体时刻被动地与平台进行行为交互和数据交互，所以单方行为既包括不主动与该平台方发生交互，又包括不主动与基于该平台的其他网络主体进行交互。诸如通过搜索引擎获取信息、观看视频或浏览文章等都是单方网络行为。

任何一个网络主体既有聚合性，也有独立性。在法律许可范围内，单方网络主体具备自由表达的需要和权利。单方网络主体是通过平台进行表达的，其表达的诉求通常分为两种：一种是无目的的自我表达，通常是私域内的日常分享和记录，一般只开放给关系链好友；另一种是有目的的专业内容输出，通常是公域内的某一垂直领域的公共服务，需要吸引更多的网络主体关注。

无目的的自我表达只需要满足表达者的个体需要即可，表达者无须或者很少考虑其他信息消费者的体验，没有商业诉求，无须考虑与其他信息消费者的竞争需要。但有目的的专业内容输出，本质是出于商业目的，面临着激烈的竞争环境和对手，这也是当前表达平台的竞争所在。对信息创作者来说，平台（主要是流量和私域的建立）、内容和信息的表达形式至关重要。

信息创作者最核心的诉求就是对“粉丝”的影响能力，用户互联网的核心就是将这种能力从平台位置移动到用户身上，但不是完全去掉平台的入口价值，而是在保留该入口价值的基础上，让创作者通过自身或创作的内容直接与“粉丝”建立平行关联。用户互联网会做垂直领域的标准化内容，让每个领域的“旗帜”创作者享有更大的价值。而在信息的表达形式上，内容与表达形式的匹配至关重要，用户互联网更会探索组合式的信息表达方式。

网络主体（尤其是用户）不可避免地会受到被动信息的影响，产生被动行为。这种被动影响力是创作方或平台商业化盈利的主要来源。用户的被动信息行为分为两种：一种是没有受到任何反馈的，此类信息通常是打扰性和营销性的信息；另一种是受到了采取的主动响应的，此类信息通常是对用户有一定价值，用户可以接收的信息。

在当前平台互联网中，在便利性较强和无主动需求的情况下，被动获取成了用户主要的信息获取方式，而如何增加用户对被动获取信息的可接受度，是平台和创作方需要思考的问题。当然也有专门恶意运营流量的平台和创作方，其往往不会考虑这种问题。用户互联网的核心任务之一就是解决这种被动获取的信息与用户主观需要不匹配的问题。但是，主动搜索的需求是恒久存在的。而要提供主动搜索服务的平台，就必须思考这一重要问题，尤其是随着网络发展，用户对冗余、非确切信息的忍耐度正在下降。

平台互联网提供的入口都是注意力入口，即要进行主动搜索必须要到特定的位置才能实现。用户互联网会提供自然入口，即在任何触发该需求的位置都可以直接进行搜索，不需要转场。

平台互联网对用户搜索需求的理解是以关键字或图片形式进行的，用户在搜索框中输入关键字或图片，搜索引擎对该关键字或图片进行理解，继而呈现搜索结果。用户互联网则是要求对全网任何触发用户需求的介质进行理解，继而在触发需求的位置直接提供搜索结果。

平台互联网通常提供的搜索结果是单个搜索引擎储备的信息内容，且出于商业化或其他目的，平台会控制搜索结果的表达，搜索结果的表达多是杂乱无序的，用户很难获取完美匹配其需求的信息。用户互联网要做的是将连接介质和信息结果进行精准连接匹配。具体来讲，就是将每个产品功能和每个内容进行标准化处理，即每个内容点都有唯一的标杆结果。目前较为适合做标杆信息的有确定性的信息和有明确规则变化的信息（通常是随着时间而产生的数据变化）。

第十一节　多方网络主体的协作方式

多方协作指的是网络主体必须要与其他网络主体进行交互才能完成的网络行为。在网络主体时刻被动与平台进行行为和数据交互的基础上，其既包括主动与该平台方发生交互（如通过平台客服进行沟通），又包括主动与基于该平台的其他网络主体进行交互。诸如通信社交、商品交易、视频直播等行为都必须有多个网络主体同时参与才能进行。

多方协作方式一般有两种，一种是分散式的单点交互，另一种是集中式的群点交互。两者的建立方式各不相同。

一、单点交互

单点交互行为只发生在交互双方身上，交互场景可以为全网任何位置，交互的需求通常是社交、商品交易、寻求帮助等。当前平台互联网对单点交互进行了一定的限制，交互的建立必须要基于相同的平台身份才能实现，交互的位置是注意力入口位置，且交互会面临平台设定的门槛（如平台属性的交互账号的获取等）。

用户互联网要做的是重新思考并定义单点交互，使单点交互更自由、更直接、更高效，不受制于平台的固有限制，实现在任何触发交互需求的场景即可实时进行交互。

二、群点交互

群点交互指的是基于同一需求的用户形成一种集中化组织进行的共同行为。诸如当前网络中各种群组织、社区、“粉丝”账号、直播间等。群点交互组织一般有一个信息领袖存在，通常其也是群点交互组织的发起方。群点交互组织也可分为两种，一种是群成员之间可彼此影响，另一种是群成员之间不可彼此影响。

在以社交群为代表的群成员之间可彼此影响的群点交互组织中，每个成员都可以发送信息，对其他所有群成员造成影响。鉴于群成员的网络行为难以管理、风险不可控的情况，为避免影响力过大扩展，一般会对该组织的规模进行限制，如群成员不超过 500 人等。以“粉丝”账号为代表的群成员之间不可彼此影响的群点交互组织，成员是不能直接发送信息对其他所有成员产生影响的，风险只集中在该组织的拥有者这一单方主体上，网络行为较为可控。所以允许该群点组织的规模较大，一般不做限制。主体账号的“粉丝”量可达上千万人甚至破亿。群点交互组织的建立，一般是基于内容或组织者的影响力，但通常会受制于平台。用户互联网要做的就是探索在全网范围内新的群点交互组织的建立方式和影响力的输出模式，使之不受制于平台。

除此以外，信任的问题是多方协作必须面对的问题，也是永远不可能解决彻底的问题，但可以通过一定的规则或技术来对冲信任缺失。平台互联网提供了一种交易担保的方式，但本质上不是解决多方之间的信任问题，而是解决多方对同一中心方的信任问题。区块链提供了一种完全去中心化的思路来解决信任问题，但过于理想，且要付出隐私数据完全公开透明的代价，本质上并不可行。用户互联网提出一种“加强中心、减少中心、管理中心”的模式，并通过一系列方式诸如身份真实性凭证、主动方单向数据披露等来对冲信任缺失。信任问题广泛地存在于任何场景中，不仅仅涉及交易信任，还包括人与人之间的通信信任、信息信任、商品信任等。

多方交互的行为产生，必须要有交互规则做依据。这些规则的制定、细化、更改等需要进行存证，便于约束以及为事后纠纷提供证据。交互产生的共同行为、数据等如何管理，涉及多方的利益，存证只是基础，治理才是核心。谁来拥有和记录？交互双方都知道这些内容的情况下，如何避免一方以此“挟制”另一方？这些问题值得互联网人思考。

第十二节　商业模式

互联网商业模式是指以互联网为媒介，整合传统商业类型，连接各种商业渠道，具有高创新、高价值、高盈利、高风险的全新商业运作和组织构架模式。在平台互联网中，商业模式设计的主体是平台，其出发点也是满足平台获客、运营和盈利等方面的需要，其商业模式是集中式的，基于海量的用户基础统一集中处理。典型的商业模式有免费商业模式、平台商业模式、O2O[①] 商业模式、跨界商业模式、“工具 + 社群 + 商业”模式、长尾型商业模式等。

用户互联网是从用户视角触发和定义的网络，其商业模式的主体是用户，其出发点是满足单个用户发展、影响力扩展和变现等方面的需要，所以其商业模式是分散式和零点式的，与平台互联网的商业模式完全不同。

用户互联网会创造用户属性的产品，所以其商业位置是用户属性产品的位置。由于用户属性的产品是全网性的，其影响力位置和变现位置也是全网性的。

用户属性的产品与平台产品不同，内容足够独立和唯一，所以会创造关联性的影响力，而这种关联性的影响力的潜力是无限的，甚至可以说任何可定义的内容都可以有这种影响力。如何设计和利用这个关联影响力是至关重要的。基于关联影响力的商业模式将是用户互联网时代核心的商业模式。

在用户互联网中，产品是独立且细微的，无数个用户属性产品可以组成平台属性产品。在一个平台属性的产品中，对部分用户属性产品进行替代，是非常有价值的，也可能创造出更好的平台产品。比如，游戏皮肤通常是游戏平台设计的，但也可以开放给任何人进行设计，实现互惠互利。

用户互联网将重新定义模板，属于线条工具的一部分，做标准化工

---

① 将线下的商务机会与互联网结合，让互联网成为线下交易的前台。

作。与平台互联网中的模板是固定的不一样，用户互联网产品的模板不是固定的，而是动态的。也就是说任何用户所见到的都可以定义为模板，用户可在即时位置处创造自己的内容，即不需要特定的模板，而是任何信息和内容都可以成为模板，因为在用户互联网中，任何信息内容都是独立的，都有一定的独有价值。

09

第九章 基础服务

第一节　线上身份认证

在用户互联网中，用户身份统一由第三方进行登记认证，无须在不同平台重复认证。用户在使用不同产品时，第三方可向平台提供真实性凭证，平台在看不到用户真实身份信息的情况下，即可确认用户身份的真实性和独立性。真正做到一次认证，全网使用，确保用户身份信息实现自治自管，不被泄露。如无特殊说明，后文中提到的线上身份特指主体为用户的线上身份。

认证的主体分为两大类，一是具备主动参与网络行为意识的主体，如单个用户、平台等；二是被动参与网络行为的主体，如各种传感器、智能设备以及物理世界中的万物等。认证的目标是将物理世界中的主体在线上进行数字身份化唯一性确定。

在平台互联网中，用户的线上身份并没有明确且统一的认证场景和认证渠道，更多是从平台获取。用户每使用一款产品，需要在该平台进行信息注册，才能获取与该产品绑定的线上身份。通常不同平台归属的产品中的身份是不互通的，即同一个用户会在不同平台的不同产品上有不同的线上身份。用户互联网会重新思考身份认证的必要性和场景。一些政务行为必须要进行认证，如政府部门提供的诸如网络身份证、线上居住证、电子医保卡等公共服务。但一些网络行为的场景则不需要进行认证，如搜索、浏览信息，或使用一些小工具。用户互联网需要思考哪些场景需要认证才能进行网络行为，哪些场景不需要进行认证即可进行网络行为。

以用户为例，线上身份可分为三种，即基础性身份、关联性身份、平台属性身份。

谁来对用户线上身份进行认证呢？当前平台互联网中，所有的认证都是平台进行的。平台认证的目的是赋予用户平台属性的身份，继而掌控用户的行为和资产，但这潜在巨大的风险。在用户互联网中，用户的线上身份必须由官方单点进行认证，不能将认证权开放给所有的平台。一是为了保障用户的基础性身份信息不被平台获取，用户只需要向平台提供官方认证后的可信凭证即可，避免身份信息泄露。二是官方认证更具备权威性和安全性，可以有效避免用户无所适从或掉入诈骗陷阱。三是用户免于全点注册认证麻烦，在官方认证后即可畅游全网，一劳永逸。

官方提供认证服务和入口，用户只需要一次认证，后续无须再在众多平台认证，所以该处认证至关重要，无论是针对基础性信息还是关联性信息，都需要严格的认证方式。认证方式可分为线下认证和线上认证，通常以线上认证为主。常规的认证方式如身份信息上传、手机号码验证、人脸识别等。认证后出具相关的身份可信凭证，在验证场景处进行验证即可，不显示具体的身份信息。身份凭证的形式可以是字符串（不关联用户信息）、二维码等。用户信息会存在认证处，认证处需要安全管理用户真实身份信息（提供的服务包括用户基础性信息的管理、用户的可信凭证生成和下发、用户的标签化工作等）。

第二节 线上验证

在平台互联网中，身份认证方和验证方通常是同一个主体，彼此之间是相互关联的。但用户互联网中，认证和验证是两个完全不同的操作，且诉求和场景也不一致，不能一一对应，必须要进行分离操作。而且网络中需要验证的不仅包括网络主体已经认证过的身份，还包括各种资产、专业能力、行为权限等，既包括线上场景，又包括线下场景；既包括实时验证场景，又包括非实时验证场景。线上验证包括身份验证、资产验证、能力验证、权限验证。

一、身份验证

网络不是法外之地。在网络实名制的要求下，网络主体尤其是用户，在进行必要的网络行为时，必须进行身份真实性验证。但是，并非任何网络行为用户都要进行验证，例如一些合法的、私有的不会对其他用户产生影响的行为，不涉及主动发表内容的场景，只是进行公开信息的搜索和消费。

身份验证多指在使用各个平台的产品时按要求进行的实名认证。用户可出具官方发放的身份可信凭证，在不暴露自己真实信息的情况下，满足平台的用户真实性验证需要。

二、资产验证

资产在特殊场景下是需要进行验证的，比如贷款的时候，银行需要验证贷款人的资产情况。当前互联网关注的资产不仅仅是资金产品，更包括数据资产、信用资产等，这些资产能够为预测该主体未来的情况提供依据，越发重要。除了金融贷款外，未来还有更多依据网络主体的未来潜力而进行的针对性服务。

三、能力验证

每个网络主体都有对外输出价值的权利和能力，但也要考虑到信息接收方的体验和价值收获情况。对输出信息的网络主体的能力进行认证和验证是十分必要的，否则整个网络就会变得信息失控。试想一下，如果任何一个没有创业过的人，只是看了几篇创业的文章和视频，就以创业者的身份公开分享创业信息，指导他人创业，这对他人是一种非常不负责任的行为，也是利用网络谋私的行为。

四、权限验证

不同的主体必然会拥有不同的权限，同一个主体在不同的平台或场景也会有不同的行为权限。权限验证多指验证在公共场景的权限，多为政府或监管部门对特定人群进行行为管理而采用的一种方式，如对失信群体进行高消费限制，不允许其坐飞机高铁出行等，又如政府向特定购房人群下发购房资格证等。

线上验证是一件非常重要的事，即使在用户互联网时代，只要是合法的、合情合理的，在保护用户隐私安全的前提下，就会继续存在。同样，要加强对线上验证的监管，不可忽视潜在的安全风险问题。

第三节　用户属性特征的关联与确权

用户互联网是从用户视角重新定义的平行网络世界，其连接方式是使用网络主体属性特征作为连接节点，所以将网络主体属性特征与网络主体进行关联绑定至关重要。此处的网络主体属性特征指的是能唯一标识该网络主体的任何明确的信息或物理元素。网络中存在不同的参与主体，其需要关联和确权的属性特征也不相同。后续以用户为主体，讨论需要关联的用户属性特征和关联方式，除了用户外，商业平台、官方组织和其他组织等也需要进行关联绑定。

用户生理特征归于用户自身的特征，由用户自身进行提供；用户的线下属性特征由已认证过的官方进行提供即可，只需要用户授权，关联机构可直接向官方进行查询认证；用户的线上属性特征对关联方也是公开的，也只需要通过快捷方式进行获取；而用户线上的行为特征，则在创造该特征的时候就由官方确权，无须额外提供。关联方和确权方一般是官方，且用户所有的属性特征都应对其公开。尤其是用户线上的属性特征，对创建平行网络至关重要，只能由官方进行关联和确权，且需要在这些行为特征初始创建的时候就由官方进行关联，后续无须额外确权。

第四节　注册方式

注册不等于认证，这是两个概念。注册指的是为使用平台服务，用户向平台出具身份证明的行为。认证指的是确认并证明用户身份真实性的行为。

在平台互联网中，注册等于认证，因为主体相同。注册和认证都是在平台内进行的，用户想使用平台，需要向平台提供个人信息进行注册，而平台对获取的信息进行认证，确定该用户的真实性和独立性，完成后再为用户分配平台身份账户。

但在用户互联网中，注册不等于认证，因为主体不同。注册类似于快捷登录的一种验证方式，只是平台只需验证用户的真实性和独立性即可，用户可以直接出示在官方机构认证过的真实凭证给平台，不需要提供具体的身份信息。认证是由主体对用户提交的数据进行审核并予以真实性的确认，这个行为由官方机构进行。用户互联网将注册和认证区分开的优势特别明显，具体体现在以下两个方面：第一，用户的真实身份信息只有官方可见，商业平台不可见，可以有效减少用户身份信息泄露的风险；第二，用户无须在所有的平台都进行信息提交，而是用类似快捷登录的方式进行验证即可，极大地方便了使用不同平台时的切换，大大提高了效率。

在网络中，有些场景是需要注册的，有些场景则完全没有注册的必要。从用户角度看，注册可分为注册场景和非注册场景。从平台角度来说，平台是希望用户注册的，因为平台的目的是获取用户、圈住用户和留住用户，便于后续进行更多的商业行为。

注册场景通常是沉淀场景，用户会在该场景沉淀网络行为或网络关系。用户的操作具备连贯性，即当前的操作会影响后续的操作。最常见的注册场景就是通信，用户当前添加的好友、沉淀的关系链，会影响后续通信行为的进行。沉淀通信关系的场景是通信和社交平台，沉淀地址的场景是电商购物、外卖餐饮等，沉淀资金资产的场景是钱包等。

用户在使用网络服务中，有些场景是不需要注册的，通常是非沉淀的单次行为场景。用户当前的操作与后续的操作是相对独立、没有关联性的，即当前的操作不会影响后续的操作。此类场景的典型就是搜索和信息浏览场景。搜索和信息浏览虽然都是高频行为，但用户的每一次行为都是独立的，如用户搜索的关键词之间是独立的，后置输入的关键词不会受前置输入的关键词影响。当然平台通常将此行为需要注册解释为要通过了解用户行为，判断用户喜好，精准地推送内容和结果。

如前所述，注册不等于认证，是两个操作，且是可以分离的，由不同的主体进行。当前平台互联网的注册与认证没有分离，都是在平台内完成的。用户在每个平台都需要提交信息注册，加大了身份信息泄露的风险；在每个平台都要注册降低了用户在不同平台间切换使用服务的效率；此外，用户需要记住在每个平台注册的账号和密码，加大了用户记忆难度和账户密码泄露的风险；同样，存在中心化的账户（资产）风险。

区块链提出了公私钥地址注册方式，目标是解决中心化账户（资产）风险和身份信息的问题。但同样没法避免其他诸如多方频繁注册、密码记忆和丢失等问题，尤其是一旦密码丢失则资产暴露在完全丢失的风险中，这种风险是用户难以接受的。

用户互联网使用的是注册和认证分离的方式。认证涉及用户信息提交，必须在统一的官方机构处进行，避免身份信息泄露给所有平台，这与线下身份证也是官方机构统一发放保持一致。注册只是平台验证用户身份的一种行为，只需要提供官方提供的线上真实性身份凭证即可，不需要用户再次提交身份信息。对平台来说，用户身份可用不可见。

除此之外，用户互联网更追求用户属性特征作为线上身份和线上账户获取的标准。其目的就是实现用户账户在使用上的自治，让账户跟随用户存在，而不是归属于平台。这样做还有用户无须记住账户密码、密码不会丢失的优势，因为用户特征不会丢。

第五节　账户自治

平台互联网中，账户是用户通过向平台提供注册信息而获取的，由平台进行分发，是属于平台的；在用户互联网中，用户属性特征是账户获取的唯一标准，用户不需要提供信息在平台进行注册，只需要领取即可。因此，在用户互联网中，账户是用户的。账号和账户，既有关联又不相同。账号，仅指代表用户数字身份的字符串代码，如微信号和抖音号等。账户，既包括账号，又包括与该账号关联的所有资产，是内容、行为、数据、权限等的集合。线上身份是用户参与互联网服务的身份证和通行证，用于标识个体用户的真实性和独立性，而账户就是用户线上身份的物化表现。

一、不同视角下的账户自治

下面分别从平台视角和用户视角解释账户自治。

（一）平台视角

用户是平台的私有资产，而且每个用户对平台的贡献价值是不同的，也是需要区分的。用户要想获取某一平台的账号，需要提供真实身份信息，其中包括姓名、手机号码、身份证号码、地址乃至肖像、指纹信息等。平台对数据的敏感性和渴望度远超用户，大多数用户最敏感的是钱，而平台对数据的敏感超过用户对钱的敏感。

用户一旦形成了习惯，或者沉淀了太多的资产，最终就会离不开该平台账户。平台则可以进行捆绑销售。这很常见，比如，用户的好友关系链都沉淀在微信里，用户就不愿脱离微信而选择使用其他通信工具，而微信可以捆绑其他服务，比如给用户推送广告或捆绑推销其他产品。当然，账号也是平台与用户交互的基础，是一种建立联系的渠道、如平台通过账号下发通知、用户通过账号向平台主动咨询等。

（二）用户视角

大多数用户只对账户中的资金较为敏感，只要没有资金损失，就比较放心了。但用户往往对账户自身以及账户内的诸如行为、数据、作品等非资金资产并不敏感。资金属于强敏感和强监管领域，所以平台不能随意侵犯；但账户和其他资产，就是个别不良平台恣意操作的对象。

二、账户属于谁

账户在互联网中处在非常重要的战略地位，是使用互联网服务的基础设施，如同水和空气对人类的重要性一样。但普通人对账户并没有强烈的重要性感知。如果账户被利益导向的商业机构完全掌握，可能存在某一天用户想要操作账户都要花钱乃至竞价的风险。

账户属于谁？此处属于的意思是谁对该账号拥有开通、更改、删除的权利。如何使用户的任何处理行为都不受平台限制，无须向平台解释并承担责任，这其中包含两个问题。第一是账号属于谁，第二是该账号关联的所有资产和数据属于谁。对此，平台思维和用户思维的认知是不同的。

（一）平台思维

账号属于平台，用户只有使用权。平台有权收回账号，由此带来的损失由用户自行承担。与账号关联的资产名义上属于用户，但平台可以收集整理用户的数据并用于其他途径。平台有权根据自身需要决策如何处理用户账号，且不对用户相关资产的丢失和信息泄露负责，否则需要用户自行备份数据。

（二）用户思维

账户属于用户，如被侵犯，应第一时间申诉。但实际上，用户只是名义上的拥有者，并没有能力来掌握自己的账户，实现账户自治。因此，用户互联网需要解决账户自治的问题。

除此之外，在当前的平台互联中，账户有两种模式，即托管账户和自治账户。用户在各个平台注册后获取的账户大多数都是托管账户。简单来说就是用户名义上拥有账户，实际上账户受制于平台。平台有能力掌握账户的一切资产和数据，更有能力决定账号的状态。用户自治、不受制于平台的账号和账户资产，比如用户在离线电脑上创建的新的文件夹，文件夹里所有的图片、表格等资料，都只能用户自己进行操作。存在用户物理实物上的内容和离线工具上的资产才是真正属于用户，可供用户自治的。

用户互联网追求的是账户自治，是由用户完全掌控自己的账户。区块链思维提供了一种独立于平台的账号自治、私钥自管的方案。这种方案局限性很高，风险也大，且操作更难。这种方案有一定的价值，但不能完全作为独立解决账户自治问题的方案，只能作为实现自治方案中一种可采取的技术手段。

用户互联网实现账户自治分为两种，一种是账户使用上的完全自治，另一种是由权威中心监管账户，不是去中心，而是选中心。比如不让商业机构参与用户账户管理，而是由政府参与管理。此外，不能让平台具备侵犯用户的能力，不能让平台有能力控制用户网上资产和数据，需要创建基于用户互联网思维的一整套完整的自治方案。

账户使用上的自治指的是该账户是用户属性的账户，该账户的唯一获取标准是用户属性特征，唯有用户拥有该账户。用户通过该账户进行的网络行为完全由用户自我决策，账户赋予用户的是网络能力，且该账户及其资产可以跟随用户在全网任何位置存在和使用。在账户的管理上不可能完全实现用户自治，因为账户需要中心方提供技术保障和运维支持，账户的资产存储、行为数据记录等也需要中心方提供支持，所以需要选取非商业性中心作为账户保障的中心组织，最好是政府组织。

第六节　存证

简单来说，存证就是把数据和行为存起来，保证存储安全、不被篡改，等有需要的时候可以当作证据。完整的存证流程要明确存什么、存在哪、怎么存、怎么用四个方面。

但凡有两方或多方共同参与的行为事件，就可能存在后续的纠纷和争执。当前的平台互联网，并没有深刻认识到存证的重要性，存在一系列问题：交互合作协议不对等，往往协议由单方提供，另一方只能遵守；合作协议内容不明确，存在后续产生纠纷的协议陷阱；合作协议容易被篡改，导致协议单方保存或双方保存的版本不同；产生纠纷后取证难，维权难，诉讼难。这也是网络纠纷和侵权行为屡屡发生且难以治理的重要原因。

用户互联网将从根本上解决这些问题。存证是建设信任环境、增加作恶成本的一种有效方式，将充分发挥潜在的价值。首先，内容存证可以保证一旦协议确定后就不可篡改了，有助于保证双方协议平等；其次，后续发生纠纷，司法部门可直接从存证处进行取证，作为判断依据，提高司法效率；最后，震慑潜在侵权者，使之不敢作恶。

存证以网络信息和行为数据的归属来决定相关信息的分类，大致可以分为以下三类，但其区隔并不明确。

一、公共类存证

公共类存证指的是对网络中公共存在的信息或数据进行存证，这些公共信息不属于任何一个网络主体，而是由所有网络主体共同拥有和共同使用。诸如法律法规、公共服务信息、客观存在的物理现实、真理性信息等，也包括线上平台为海量用户提供的各种产品服务协议等。这类信息要公开、透明、易查。

二、独立类存证

独立类存证指的是对独立属于某一网络主体的信息或数据进行存证，这些信息或数据只对该网络主体产生影响，不会对其他网络主体产生影响。诸如用户本地存储的图片、视频等数字作品，用户的搜索记录，主动获取信息的行为数据以及用户的自主知识产权等。这些信息存证的目的在于满足网络主体自我需要或者原创首发证明。当然，并不是所有的数据都需要进行存证，针对独立信息或数据，用户也可以选择不进行存证。

三、交互类存证

交互类存证指的是对双方或多方公共行为产生的信息或数据进行存证，或对单方行为中能够对其他方产生影响的信息或行为进行存证，多适用于公司间的合作协议、公司对员工提供的合同以及平台对用户提供的独有性的服务和协议等（平台对用户提供的公共性的服务和协议也属于公共类存证信息范围）。

明确存证信息存在哪里也是至关重要的，存证处决定了存证信息的可信度和安全性。目前对于存证处的选择主要有两个：一是存在足够权威的中心机构，二是所有网络主体共同存证。

当前平台互联网中，平台作为中心是存在风险的。因为平台是商业性组织，商业利益是其存在和追求的第一诉求。所以，商业性质的平台是不可以作为中心存证机构的。用户互联网解决中心化可信风险的方案是“加强并减少中心”。第一，要加强中心的可信度，中心是不可能去掉的，但可以去掉商业性质的中心，应当由非商业性质的权威机构担当存证机构，如政府监管部门（如仲裁委员会或法院）；第二，减少存证中心，存证中心越多，存证信息的泄露风险越高。当然采取什么存证技术，是否进行分布式存证，需根据不同场景具体确定。

区块链思维提供的是一种去中心化存储的方案，以此解决商业中心存在的信任风险，其核心是通过全员存储记账来解决中心化存证的信任风险。但该方案有三个致命性的问题，导致其愿景很难实现。其一，存证中心依旧存在，无论是公链还是联盟链，都存在区块链服务的技术提供方和发起方，公链是自治组织，但自治组织自身就是个私有的中心机构，联盟链一般是巨头牵头成立的，则该巨头就是该联盟链的中心机构；其二，存证节点数对共识效率存在限制，共识效率随着共识节点个数的增加会出现大幅度下降，导致多节点组成的区块链网络很难在实际场景中使用；其三，存证信息的安全问题无法解决，这对于包括用户、公司在内的网络主体至关重要。信息和数据是互联网世界的石油与黄金，有着无限的潜在价值。区块链提出的公开透明对所有存证节点可见的方案基本不能实现，没有组织会主动将自己的信息上传并对外公开。虽然区块链技术也提供了保护存证信息隐私性的方案，但又会增加额外验证的工作量。

存证到底怎么存？存证方式可分为主动存储和自动存储。公共类信息是对全员公开的信息，是必须要进行存证的，且要求进行自动存证。独立类和交互类信息，涉及用户或网络主体的隐私和安全，可由用户自主选择进行主动存储或不存储。

存证技术的选择取决于存证方案。存证处作为非商业性的中心存证机构，自然可以选择中心化的存证技术，如有分布式存证的需要，也可以考虑诸如分布式存储、共识机制等区块链相关技术。用户互联网核心关注的是存证和取证的自动化效率问题，即根据存证信息的特性和存证场景的需要，实现自动化快速存证，一旦后续产生纠纷，可根据需要进行快速取证和维权。

存证信息可以是任何形式，如文本、图片、视频、音频、文件夹等。用户在信息创造的时候就可以进行自动存证，如图片的生成工具、视频的拍摄工具、文章内容的创作平台等自动存证。对于没有完成存证的存量信息，需要到特定的入口进行存证。存证入口由存证机构提供，鉴于存证机构是非商业性的权威机构，一般是政府监管部门，存证入口也由官方部门提供。

存证到底怎么用？于双方发生纠纷时，存证的信息可成为证据。如能将信息存在仲裁机构和法院机构，即可实现自动取证。当前，最高法和各级法院正在进行存证确权、通过智能合约自动取证的实践探索。是否采取区块链技术要根据具体场景和存证信息而定。

第七节　数据存储与保护

平台或公司的数据都会存在自己掌握的服务器上，用户没有自我存储和保护存储的能力，应该如何进行存储才能实现数据的自我掌握和管理，不被平台或其他方占有呢？用户需要进行存储的数据包括线上身份数据、行为数据以及数字作品等。数据存储不等同于存证，存储的目的在于实现数据所有方的数据自治。关于数据的存储与保护，我将从以下四个方面进行解释。

一、数据确权

数据被誉为互联网世界的石油与黄金，是数字生活的基础能源，几乎所有的领域都涉及对数据的使用。

在当前的平台互联网中，用户的数据权利意识非常薄弱，且数据完全掌握在平台手中，用户更没有能力实现数据自治。数据是平台实现盈利非常重要的资源，平台通过收集用户数据，进行大数据分析，更了解用户，并基于用户画像，精准营销广告、机器推荐内容。还有一些不良App据此推出差异化定价，进行大数据“杀熟”，买卖交易数据等。技术的发展，例如人工智能领域的深度学习算法也需要海量的数据支持。但同时这引发了用户数据泄露、侵犯用户隐私、骚扰用户等问题。正因为大数据蕴藏无限商业化潜力，平台对数据的价值认知和重视度远超过用户，平台不但不会主动将数据的权利归还给用户，还会将用户的数据视为自己拥有的核心资产。

数据到底是谁的？这个问题必须得到直面回答。不但要从法律角度予以明确，更要有实现数据自治的产品能力和技术保障。在用户互联网中，用户的数据完全由用户自治，非数据产生的原平台不能获取和存储用户真实数据，且用户也不会存储对自身没有价值的数据，同时用户可以将数据授权给第三方使用。数据可用不可见的技术方案，既能保障个体用户在具体场景中的数据安全，也可以实现海量用户大数据的应用价值。

二、数据储存

不是所有的行为或数据都需要进行记录和存储。

从数字作品角度看，用户创造的作品都是有价值的，无论是恒久的价值，还是一时的价值。作品根据是否公开可分为两类：一类是不公开发布、私有的作品，比如用户日常拍摄的照片和视频等，这些作品大多存储在用户的手机本地文件夹里；另一类是公开发布的作品，如用户发表的文章、分享的视频、出版的书籍和录制的教程等，这些作品大多需要依托平台进行分享。

从行为数据角度看，行为数据可分为需要储存的行为数据和不需要储存的行为数据两类。需要储存的行为数据在前文提到过，如公共类数据和交互类数据。独立类数据用户可根据需要自我决策是否进行存储。在独立类数据中，对数据创造方有后续价值的数据，如生活日记、旅游照片和视频等，都需要存储，而且是由用户主动触发存储行为。不需要储存的行为数据通常产生在各个平台内，且与该平台内的功能使用或内容息息相关。平台获取用户行为的目的是通过数据分析更了解用户，但用户自身不存在了解自身的需要，此类行为数据对用户来说并没有多大价值。如用户对某一个内容进行了评论，平台可以通过这个行为了解用户喜好，于平台而言是有价值的，但对用户来说这类数据其实是没有价值的，因为用户是了解自己的。

三、存储方

在平台互联网中，用户的数据都是存在平台拥有的服务器上，鉴于数据都是连续性资源，这有利于平台提供后续连贯的服务，但这也造成了平台任意使用、泄露用户数据的风险。用户互联网中，数据存储的核心问题不是不确定数据存储的具体位置，而是不确定存储的位置是否可以保障用户的数据自治和安全。各方存储位置有利有弊，应综合利弊，取长补短，再行确定。

数据存储在用户本地是最好的选择。但无论是存储硬件还是存储软件，用户都无法自己提供，所以实际上也很难实现将数据存储在用户本地。海量用户都要存储就需要大量的存储空间，并配以相关的运营管理系统。这需要花费大量的资金和精力，政府监管机构毕竟不是商业机构，是否愿意为用户提供数据存储的服务，用户是否愿意为存储付费，都是至关重要的问题。当前的存储工具都是由商业平台提供的，并通过付费、广告或其他增值服务实现其商业化需要。无论是信息数据泄露还是丢失，商业化平台都不会主动对用户负责。更可怕的是，一些不法平台将成为用户数据的侵犯者，随意使用用户的信息数据。

四、存储位置

数据存储的位置跟存证的位置是相同的。用户在信息创造的时候就进行了存储，如在图片的生成工具、视频的拍摄工具、文章内容的创作平台等进行存储。对于没有完成存储的存量信息，用户需要通过特定的入口进行存储。存储入口由存储机构提供。

综上所述，用户互联网的存储方案要做到两点。第一，要去掉平台对用户数据的掌握（不等于平台不能存储）；第二，要将数据从创造位置迁移到用户自治的存储位置。数据的存储方式受制于数据的创造位置，当前的互联网服务是以平台为主体提供的，数据的创造工具也都是平台提供的，尤其是针对一些必须基于平台才能完成的网络行为产生的数据，平台必定会进行存储。

第八节　数字作品的创造

任何用户都有在网络上创造数字作品的权利和需要，此处的数字作品指的是用户创造的以图片、声音、视频等形式存在的数字内容，不包括网络行为产生的行为记录和数据。

根据用户对数字作品的创造目的和使用需要，用户的数字作品分为两种，即私有数字作品和公共数字作品。

私有数字作品是指用户不会进行公共分享的作品，如用户不进行公共分享的日常拍摄的照片和视频等，用于记录生活等自我满足的需要。公共数字作品是公开发布的作品，如发表的文章、分享的视频、出版的书籍和录制的教程等，这些作品大多需要依托平台进行创造与分享，创造的目的是商业化的需要，对营销、流量有强大的需求和依赖。公共数字作品的作者可分为两类，一类是原本从事内容输出的专职作者，需要借助平台的流量进行营销；另一类是流量刺激产生的新的业余作者，其创作的数字作品的价值远低于专职作者创作的内容的价值。

数字作品创造目的和使用需要的不同，决定了其创造位置的不同。从私有数字作品角度看，私有数字作品是完全用于满足用户自我需要的内容，在用户没有主动分享的情况下，用户与平台完全没有交互。此类数字作品，必须实现用户自治。但用户自治面临两个风险：一是数字作品的创造工具是商业平台提供的，平台有能力进行存储记录；二是存储数字作品功能也是商业平台提供的，平台也有能力进行存储记录。如何提供一款能够让用户自治的创作工具，谁来提供，如何平衡成本和收益，都是需要解决的问题。从公共数字作品角度看，当前的平台互联网，平台和流量基本决定了用户公共数字作品的创造动力和创造位置。公共数字作品的存在就是为了在公共领域进行分享，任何用户都可以获取和存储，平台自然也可以存储，即不存在用户数字作品需要进行隐私保护的问题。

数字作品受限于平台和数字作品消费方，自然是有创造边界的。此处的创造边界指的是公共数字作品的创造边界。有一点需要特别说明，内容创造边界不等于传播边界，尤其是私有性内容，用户完全自我管理，只要不进行传播，对网络就没有产生公共危害，用户就有自我创作的权力。创作公共数字作品的目的就在于在全网范围内分享，任何用户都可以看到它，它也将对任何消费该内容的用户产生影响。公共数字作品的创作范围自然是有边界的，特指不能进行违法和不良信息的创作与分享。不良信息是指违背社会主义精神文明建设要求、违背中华民族优良文化传统与习惯以及其他违背社会公德的各类信息，包括文字、图片、音视频等。《互联网信息服务管理办法》所严禁的九类信息如下。

①反对宪法所确定的基本原则的；

②危害国家安全，泄露国家秘密，颠覆国家政权，破坏国家统一的；

③损害国家荣誉和利益的；

④煽动民族仇恨、民族歧视，破坏民族团结的；

⑤破坏国家宗教政策，宣扬邪教和封建迷信的；

⑥散布谣言，扰乱社会秩序，破坏社会稳定的；

⑦散布淫秽、色情、赌博、暴力、凶杀、恐怖或者教唆犯罪的；

⑧侮辱或者诽谤他人，侵害他人合法权益的；

⑨含有法律、行政法规禁止的其他内容的。

每个内容创作者都有创作的权利，但公共数字作品的目的是输出给内容消费者，这些内容会对信息消费者产生重大的影响。尤其是专业领域的内容，凡是需要分享的公共数字作品，应该由专业的创作者提供。

某些领域的内容创作会受制于提供该内容的平台或渠道，如果一个平台在某个垂直领域占据了垄断位置，后续该领域的内容创造很可能受制于该位置。例如通信领域，当某一个通信工具处于垄断地位时，后续该通信工具的功能选择和衍生服务都只能由该平台提供，其他创作者没有机会参与；又如某种游戏流行全网时，其他平台或创造者没有机会参与到该游戏的相关内容创作（设计游戏皮肤等）。用户互联网将思考如何在垄断性产品中实现内容开放，既保障平台方的权益，又能让更多的人可以基于该平台进行创作，合作参与，共同受益。

第九节　信息管理

如今，互联网不缺信息，缺的是能够快速满足用户需求的真实信息。在平台互联网中，各平台割裂独立，信息创作者及其作品分布在各个平台，造成信息的重复。各个平台的创作、分发和管理规则都不相同，更引发了信息超生、混乱、不统一等问题。简单地说就是信息有人“生”，没人管。而在用户互联网中，信息管理的核心是基于信息自身的性质，而非平台干预的处理方式。相较于当前情况，用户互联网思维更注重信息自身的价值，力求实现在全网范围内统一管理和处理信息。用户互联网要求对信息创作、分发、消费以及收益等所有流程进行真实性、专业性、权威性、优质性管理，并标识信息，便于用户快速找到。

一、信息管理的主要内容

信息管理主要包括以下几个方面。

（一）创作管理

如前文所述，信息创造是有范围边界的，在法律范围内，专业的内容需要由专业的从业者进行创造，尤其是涉及公共安全、医疗健康等领域的内容。如果任何人都可以创作并传播医疗健康领域的内容，很可能对公共安全和海量用户产生重大的危害。

当前许多平台忽视了信息对其消费者的影响和对信息自身的敬畏。用户互联网将会对此进行管理，将内容分为公共内容和专业领域内容。在法律允许范围内，公共内容是没有创作者条件限制的，用户可尽情发挥创意进行创作。发布专业性内容需要对内容创作者进行资质审核，或者要求内容创作者持证才能创作。

（二）分发管理

在平台互联网中，信息分发取决于平台和渠道，流量是信息分发的关键，所以信息分发受制于平台范围的边界和平台的单方管理。而在用户互联网中，信息分发将取决于信息内容自身的性质和价值，内容是信息分发的关键，所以信息分发是全网平行式的不再受制于平台。

在用户互联网中，信息的具体内容决定了信息分发的策略。所以，了解信息的基本内容是至关重要的，这不仅指识别内容，更重要的是让机器像人一样，理解该内容所表达的意思。明确一个视频、一篇文章乃至一张图片，在讲述什么，在表达什么故事。理解信息的内容除了分发，也可以用在处理违禁内容上，如对不良图片和视频进行自动封禁。

用户有主动获取信息的需要和行为，所以需要对用户主动表达的关键词进行理解。通常用户会在特定信息获取入口（搜索引擎等）输入自己想要获取的信息，以关键字、图片等形式表达主动需求。用户除了能在特定的信息位置主动获取信息外，用户互联网会将用户主动表达搜索的位置全网化，即在全网任何位置，任何介质处用户都能进行主动搜索行为，用户大多数的主动搜索需求都是场景触发的，用户互联网的追求就是在需求触发的位置处即时提供主动搜索服务，且不需要用户进行额外输入需求关键词。

相较于输入关键词主动搜索，部分用户更偏向于被动接受推荐的优质内容。当前互联网大多数内容都是平台替用户决策的被动内容，包括用户主动搜索的部分中平台决策的搜索结果被动内容、完全由平台决策的产品功能以及机器算法根据用户喜好智能推荐的内容。对于平台而言，理解用户、获取并分析用户的网络行为数据至关重要，但这也造成了用户信息泄露和数据侵犯风险。通过用户数据可以更好地了解用户，从而实现智能推荐，但用户隐私保护和服务便利的矛盾该如何平衡？如何在尊重用户数据权利的基础上合规合法使用数据？这些都是互联网人需要思考的。

分发的本质就是信息与信息消费者的匹配策略。只有在了解信息自身的内容和信息消费者的前提下，才可以进行分发。在当前的平台互联网中，分发可分为三种类型，即用户自主决策、平台决策和机器决策。但究其根本，依旧是平台决策。分发规则掌握在平台手中，平台决定了信息消费者消费的信息内容。平台可以根据自我需要，任意调整分发规则，给用户推荐需要用户看到的内容或信息，甚至是营销广告乃至骚扰信息。

用户互联网的追求是在用户自我决策内容的前提下，提供最短路径的内容主动搜索和智能推荐。第一，提供快速且标准的内容满足用户的主动需求；第二，根据用户设置、内容自身的价值以及算法等多维度综合推荐。要想实现用户自我决策，最重要的就是对内容自身的理解以及合理的分配连接，内容的理解越准确，连接匹配的准确度越高，越能实现让用户掌握信息获取的独立自主决策权。

二、信息的变现方式

信息是有价值的，公共类信息的创造目的更是追求商业价值，信息自然需要承载创作者的商业诉求。信息的变现方式有以下三种。

（一）流量变现

当前的网络环境并没有培养起用户付费的意愿，创作者也深谙其道，大多提供免费的信息服务。其目的是通过免费信息服务获取用户流量，从而通过流量实现其他方面的变现，如大V[①]、意见领袖、垂直领域的优质作者等。目前流量变现的主要方式是发布广告或（直播）带货。

（二）数据挖掘

平台的目标除“收割”用户、增加付费内容、通过流量变现外，最核心的就是获取用户数据。了解用户，就代表挖掘到了用户潜在的价值。平台可以为其提供更多服务，从而获取更多收益，如通过数据了解到用户的经济状况，可以为其推送金融贷款产品广告等。

（三）信息付费

信息是一种服务，尤其是独有的、专业性以及有价值的信息，用户在获取时付费是合理的。当前网络的付费信息主要包括独占性内容，视频网站提供的独播剧、独家代理的体育直播等；知识付费领域内容，教程课程、网络书籍、公众文章、音频知识等；付费服务，网络素材、产品工具以及各种O2O[②]的服务等。

---

① 指在新浪、腾讯、网易、搜狐、抖音等平台上获得认证，并且拥有众多“粉丝”的用户。

② 即Online to Offline，是指将线下的商务机会与互联网结合，让互联网成为线下交易的前台。

信息管理也是用户互联网时代亟待关注的，平台互联网时代的信息管理存在诸多问题。正如前面所讲，用户互联网基于信息自身的性质，能够实现全网统一管理。

第十节　真实性问题

当前的平台互联网有许多假消息、假新闻、假服务，网络环境令人担忧。究其原因，有以下几个方面。第一，信息提供者对信息并不敬畏，为了满足商业诉求可以自行决策发布的信息内容；除原创的内容外，还有许多内容是毫无技术含量的复制粘贴、转载、剪辑等，平台对于这类内容，没有认真调查审核、判断其真实性。第二，作恶成本低，任何用户都可以随时随地发布、分享信息，无论真假、好坏。第三，维权惩恶难，平台没有全网性的管理能力。

当前互联网面临真实性问题的场景有很多，真实性问题的典型是信息真实性问题、身份真实性问题和产品真实性问题。

一、信息真实性问题

信息真实性问题是互联网最基础也是最广泛的问题。传统媒体时代的信息由专业人员创作，而当前是人人都可创造的信息时代，创造门槛极低，只要熟练掌握社交账号操作技巧，拥有一台电脑甚至是一部手机就可以随时、随地、随意发布信息。除私域领域的分享外，大多公域内容的目的就是盈利，平台对公域内容的态度就是收割流量，占有是第一原则。所以蹭流量、追热点、博眼球、传绯闻等成了很多营销号共同追逐的目标。

更有甚者，为了达到私人目的，不经调查核实，仅凭道听途说，便随意编造、转载一些用户和企业的负面信息，大肆进行恶意攻击，给许多用户的生活和企业的发展带来的负面影响。

二、身份真实性问题

网站主体需要实名制，需要认证真实身份，这既是法律的要求也是保障网络生活的要求。但身份真实性的场景远不局限于此，在平台与用户之间、用户与用户之间，也广泛存在着验证身份真实性的需要。如用户通过平台在公共领域分享信息和内容，则平台必须要验证该用户身份的真实性（为保护用户身份信息可使用不可见的方案）。当然也有些不需要验证身份的场景，如用户之间点对点匿名聊天等（群聊属于公共范围，需要身份真实性验证）。

三、产品真实性问题

产品既包括线上使用的各种软件、内容产品，更包括以线上为推广渠道的物理商品。以事件营销和直播带货为主的网络营销已成为营销的重要手段。除了传统的商品造假外，为获取流量和关注，虚假、夸大宣传早已成为个别商家的营销方式（如买家秀和卖家秀的差异）。且随着线上流量获取成本日益变高，卖家的利润空间被压榨，部分产品提供方选择用以次充好覆盖成本。

如何确保真实性呢？除了用户间点对点匿名交互的场景外，在任何公域场景和点对点非匿名场景都需要进行真实性保障，从创造、发布到最后的交易存证等需要进行全流程管理。

信息真实性管理的源头是对信息发布者进行真实性管理。

首先，要对信息发布人进行真实性管理。发布公域信息需要进行管理，虽说自由发表信息是每个用户的权利，但其在公域发布的信息毕竟会对其他用户产生影响，自由指的不是绝对自由，而是相对自由，信息发布者需要遵守一定的规定。点对点非匿名场景下产生的信息的真实性难以判断，且判断时不仅要辨别信息自身，还需要判断发布人身份的真实性和可信度，也需要用其他方式进行佐证。

其次，发布者和信息需要保持关联，即公域信息可以追溯到发布者的身份。公域信息会对其他用户产生影响，只有进行关联，才能让发布者在发布时有所顾虑，而不是毫无顾忌。发布者必须对发布在公域领域的内容负责。

再次，需要对信息自身的真实性进行判断，这取决于用户的网络认知程度。而信息平台能做的就是通过智能判断提示用户真实性风险，但该能力较为有限，本质上还需要用户自己有一定的判断能力。此外，还需要对较为普遍的基础性虚假信息建立专门的平台进行公示，开展普及教育。

最后，要发挥法律监管的重要作用。用户的法律意识薄弱，侵权行为低成本，维权过程长、取证难、成本高等问题，都需要完善，任重而道远。

第十一节　信任建设

网络主体不能独立存在，信任是网络主体之间交互合作的基础。信任建设的目的是解决各网络主体之间存在的信任风险问题。包括用户之间的信任、用户与平台之间的信任、用户与监管部门之间的信任等。从场景上又可以分为通信信任、交易信任、信息信任等。

怎么样才算可信？区块链的出现和自治组织的发展，最大的意义就是提出了信任问题是需要解决的，但是却只提到了中心机构的信任风险问题，而忽视了用户之间的信任问题等。判断中心是否可信的标准是什么？中心是否有能力决策用户的网络行为？中心是否有能力侵犯用户的隐私和数据？中心是否有能力侵犯占据用户的网络资产？

可信并不是要求网络主体之间完全独立、互不依靠地进行交互，而是指要考虑侵犯成本和代价，不可信也不是指一方有对另一方造成侵犯的能力。比如以信用为生的银行，其必须可信，要保证民众把钱存在银行是完全可以放心的。银行虽然有能力侵犯用户的钱，但银行不会这样做（银行是受到有关部门监管的，因此，本质还是监管可信）。这样的中心也可被称为可信中心。

信任问题产生于一次网络行为中（一次网络行为是最小的网络粒度），如一次交易、一次通信、一次信息获取等。独立信任问题指的是一次网络行为中只存在于两个网络主体之间的信任问题，如用户之间点对点通信中的信任问题。

非独立信任问题指的是一次网络行为中涉及多个主体（两个以上）之间的信任问题。以电商购物的交易场景为例，交易中存在三个网络主体，分别是卖家、买家和平台。交易双方是卖家和买家，平台在其中扮演的是交易担保中心的角色。在这个交易场景中，涉及的信任问题就包括卖家与买家的信任问题、卖家与平台的信任问题以及买家与平台的信任问题。

同一个主体，是否可信取决于具体的网络行为。如电商平台，在交易中充当担保是可信的，但在处理用户资产上却不一定可信。同一性质的主体的可信度也不相同，以平台为例，大平台尤其是国民级平台的可信度远远超过小平台和短暂性存在的平台。所以，单纯说“中心不可信”是片面的，而去中心的方式也属于“一刀切”的策略，为了解决中心的可信问题而直接去掉所有中心的方式是粗暴的，不是最基础、最普通的策略，这样会创造一个小众的完全去中心化的网络世界。就像任何一个人，有好的一面也有坏的一面，总不能因为其存在缺陷就不与其沟通交往。用户该信任什么样的主体，各主体的可信度级别是什么？下面是通常情况下的可信情况划分。

一、陌生人

陌生人可信程度为0～10%。陌生人的可信程度是最低的，因为陌生人为用户提供的内容通常是打扰性的，可能是没有后续的一次性交流，陌生人通常是不需要为此负责的，如用户经常收到的陌生人骚扰电话和营销短信，以及通信平台中陌生人发的广告等。

二、陌生平台

陌生平台可信程度为0～60%。陌生平台指的是小众、以快速变现为主要目的、通常存续时间较短的平台。相较于陌生人，陌生平台有一定的公共影响力，所以有一定的可信度。但其毕竟受利益驱动，一旦不可存续，则面临跑路风险。此类平台通常是以沉淀账户资金为特征的平台，如小游戏平台、小钱包平台等，随时可能倒闭跑路。

三、熟人

熟人可信程度为 50% ~95%。熟人指的是亲人、朋友等值得信赖的人，不包括有关系但不熟悉的人。相较于陌生人的一次网络行为，熟人之间是有感情或交情沉淀的，后续会有持续性行为，或基于感情、交情或为了后续职业工作。而熟人之间的可信度取决于双方关系。

当然，熟人之间也有非感情因素的网络风险，如转发未经确认的信息，有可能间接造成不可信行为。特别是亲人之间多以感情沟通为主，行为事件是以感情作为背书的，虽说是值得信赖的，但以感情为背书条件的可信度远不及以公共信用为背书条件的大平台和监管部门，因为对私个体的可信程度远低于对公群体之间的可信度。

四、大平台

大平台可信程度为 80% ~95%。大平台的风险在于对用户行为、数据资产的占有和侵犯，但对于真实资金的保障，其可信度是足够的。尤其是国民级的平台，如全国性的银行、互联网巨头等。大平台的可信程度取决于其公共影响力，简单说就是面向服务用户的量级，例如百万级平台的可信度远低于亿级平台。区块链中的联盟链本质上也可以看作一个大平台，其可信程度既取决于各个联盟成员的可信度，也取决于该联盟链服务的用户量和公共影响力。

五、监管部门

监管部门可信程度为 99% ~99.99%。监管部门默认是可信任的，因其有官方背书且为非营利机构，可信度较高。如果连监管部门都不可信，那网络的信任问题从根本上就无法解决。

网络行为虽然是多方共同参与的，但信任通常是单方向的，即在共同行为中，信任是不对等的，甲方对乙方的信任需求度与乙方对甲方的信任需求度是不相同的。所以，信任建设的原则就是被信任方需要以单向的成本和数据等证明，来对冲建立信任必需的时间和经历。用户之间的可信度取决于两个人之间的关系。熟人之间尚有一定的可信度，陌生人之间存在完全不信任的情况。

信任建设最常见的就是将用户之间的信任问题转为用户与大平台之间的信任问题，由平台进行担保。典型的就是担保交易场景，买卖双方之间的信任问题成了买卖双方各自对平台的信任问题。联盟链也属于信用转移的范围，只是由单个中心转为多中心进行担保。用户之间的信任问题也可以转为用户与监管之间的信任问题，但适用场景较少，用户与平台之间交集更广泛。需要特别说明的是，信任转移并不等于信任解决，用户间的信任问题转移到用户与平台之间的信任问题，目的是让用户间在没有建立信任的情况下可以交易等，但本质上双方依旧没有建立信任关系。以陌生人之间的通信为例，主动通信方和被通信方对信任的需求是不对等的，被通信方对主动通信方的信任要求较高。主动通信方通过身份真实性凭证、数据行为、各种标签等单向数据披露（主动方单向披露，被动方无须披露），对冲建立信任所需要的时间和共同经历。

可信环境的建设同样至关重要。要明确互联网法规和参与方之间的权利和义务，真正做到有法可依；在交互中，提供交易方身份真实性凭证；设置信任条件，如需要资金成本或单向数据披露来对冲信息信任缺失；交互记录存证，可事后追溯并维权；建立参与方信任档案，一是记录用户信用行为，二是用户或有关部门可基于此对失信主体进行某些行为和活动的限制。只有这样，才能给用户带来可信的环境。

第十二节　隐私保护

当前互联网还有个体隐私吗？答案是没有的。那还要保护隐私吗？答案肯定是需要的。随着互联网，特别是移动互联网的发展，用户隐私泄露简直泛滥成灾。人们常说的隐私问题指的是用户的隐私信息问题，除了用户之外，平台等网络主体也有自己的隐私信息。本节只对用户隐私问题进行阐述，其他网络主体同理。

一、隐私

什么是隐私？平台和各种组织有自己的隐私信息数据，但它们有相对较强的隐私保护能力。人们常说的隐私问题指当事人不愿他人知道或他人不便知道的个人信息，如用户的身份、轨迹、位置等敏感信息，与公共利益、群体利益无关。用户隐私大致分为四类。

（一）信息隐私

个人数据的管理和使用情况，包括身份证号码、银行账号、收入和财产状况、婚姻和家庭成员、医疗档案、消费和需求信息（如购物、买房、买车、买保险）、网络活动踪迹［如 IP 地址（互联网协议地址）、浏览踪迹、活动内容］等。

（二）通信隐私

个人使用各种通信方式和其他人交流的情况，包括电话、短信、邮件、其他通信工具等。

（三）空间隐私

个人出入的特定空间或区域，包括家庭住址、工作单位以及个人出入的公共场所。

（四）身体隐私

保护个人身体的完整性，防止侵入性操作，如药物测试等。

手机已经成为用户生活的必要部分，但也成了平台监督用户的工具，智能手机 App 可以在用户不知情、无须系统授权的情况下，利用手机传感器不断为平台输送用户的行为信息和数据。用户注册账号进行身份识别，需要填写手机号码；开通附近的人功能需要同意开放所在的地理位置信息；匹配手机通信录需要授权访问手机通信录；上传内容需要授权访问本地存储，如相册等。若国家法律法规或政策有特殊规定，用户需要提供真实的身份信息；若用户提供的信息不完整，则无法使用平台产品服务或在使用过程中受到限制。

用户有隐私权，任何网络主体都有隐私权。网络平台有一个主流的认知，即用户愿意出让隐私以获取更加便利的网络服务。这完全就是错误的，是一种站在平台视角的高傲认知。用户寄生受制于平台，无法拒绝，也没有自我保护的能力，所以更没有选择的权利，自然谈不上愿不愿意。

如今，平台以提供便利性服务为名，为追求利益，获取用户隐私，与用户隐私保护要求的矛盾是不可调节的。比如精准广告和用户隐私之间是有矛盾的，因为平台做精准广告是出于利益最大化驱动。所谓科技向善，“向”字代表的是一种选择，平台可以选择善，也可以选择恶，这取决于平台自身的发展需要和目的。平台也会保护用户隐私数据等，但本质上还是在选择保护平台的利益，是保护平台对用户的私有性垄断地位和潜在的利益，而不是真正保护用户。不可否认，以数据和算法为核心的智能推荐确实为用户带来了极大的便利，但隐私和便利服务的平衡问题是需要解决的。用户互联网会通过线条工具、网络行为决策权、内容匹配策略等方法在一定程度上解决隐私侵犯的问题。

二、隐私侵犯

什么是隐私侵犯？任何未经用户主动许可，或通过不对等的关系强迫用户在无法选择的情况下必须提供信息的行为都属于隐私侵犯。典型的是平台与用户之间不对等的产品服务协议，尤其是一些产品，要求用户必须接受平台可以获取用户隐私和使用用户数据的协议，否则无法使用该产品。用户在不能脱离该平台产品的情况下，没有选择权利，必须接受。

在具体的产品使用中，侵犯个人隐私的形式复杂多样，侵犯用户隐私的行为则难以认定。侵犯用户隐私最重要的主体是中心平台，当然也有用户和其他网络主体。平台认为，探索用户隐私能更好地了解用户，只有了解用户，才能最大限度地挖掘出用户潜在的商业价值。

隐私泄露的位置有以下两个场景。

（一）交互行为场景

交互行为场景指的是用户必须提供隐私数据才能与平台或其他主体完成网络行为，且此处提供的必须是明文数据。最基础的交互行为是用户与平台的交互，用户所有的网络行为都需要在平台的产品内完成，所以平台天然就有能力侵犯用户隐私、获取用户数据。用户与用户之间的交互行为也很多，如电商交易场景中，卖家可以获取买家的地址和手机号码等隐私数据。

（二）独立行为场景

独立行为场景指的是用户不需要提供隐私数据或通过提供非明文隐私和数据即可与平台或其他主体完成网络行为，即对方主体没有能力获取用户的隐私数据。如用户间的匿名通信，不需要提供任何隐私和数据。又如用户在使用无须注册的平台，或注册时使用可信凭证而非真实信息等。

三、解决隐私泄露问题的方案

隐私泄露不可能根本上解决，只能通过方案尽可能地降低泄露风险，解决方案如下。

（一）独立行为场景：可证、可用、不可见

在独立行为场景中，共同行为方不具备获取用户隐私的能力。需要用户提高保护意识，不轻易泄露自身隐私信息。

（二）交互行为场景："非明文凭证+管理"

有一些场景是不需要提供个人信息就可以进行网络行为的，诸如使用搜索工具和信息阅读的场景等。平台需要用户提供信息的目的是获取用户信息和行为数据，但从用户视角看，这些场景是没有必要提供个人信息的。

而在一些必须进行注册的场景中，平台需要判断用户身份的真实性和独立性，即要求用户在使用产品前提交信息以便完成注册，但用户不用出具明文身份，只需要提供可验证的官方可信凭证即可（在官方进行一次认证，在平台进行验证）。对于其他隐私，以地址信息为例，卖家并不需要知道买家地址即可进行邮寄，只需要将卖家与买家之间的邮寄行为转为平台与买家的邮寄行为即可，买家的地址平台可知，卖家不可知，通过这种方式降低隐私泄露的风险（与信任转移的方案是相同的原理）。当然，也有一种用之则来用完即走的数据保护方案。

对于已泄露的数据，可通过管理与更新结合的方案进行保护。

隐私保护的相关法规的完善同样至关重要。当作恶成本高于侵犯成本时，自然可以规避很多主动侵犯行为。这需要权衡各方利益，问题也很多，没那么容易，只能说是任重道远。目前市场上的隐私保护方案都是平台提供的，做区块链的公司会谈到其是如何通过区块链技术保护用户数据安全的，比如零知识证明、同态加密、安全可信计算、hash（散列函数）上链等方案。

基于平台的思路是绝对保护不了隐私的，这跟技术无关。原因很简单。第一，平台就是数据泄露的源头，平台众多且有好有坏。第二，平台即使有动力，也是出于自身需要，不可能从根本上保护用户。一些平台以保护用户为名，实施对所属用户数据的私有垄断。因为在一些平台的认知里，用户数据不是用户的，而是平台的私有财产。第三，用户保护需要付出成本，不是每个平台都有一颗向善的心。平台视角保护不了用户隐私，非平台视角的思路很简单，不让平台看到用户身份即可，只让其看见行为数据。简单来说，就是将用户的真实身份信息和平台内的行为数据隔离，让二者不互通。平台看到的也只是一个个点在数据库里游来游去，这些数据也可用于大数据分析，但不能对号入座。实现这种思路有多种技术方案。如身份对监管方可见，对平台方不可见，但不影响平台的真实性身份验证和使用。

区块链的思路是见证节点越多交易可信度越高，但区块链不等于去中心化。公链的思路是中心不可靠，有风险。但我也会思考其他情况，在中心不可能去掉的前提下，中心不可信的原因是中心程度不够。例如，A 中心可信度 60%，B 中心可信度 70%，C 中心可信度 80%，区块链思路中所有中心整合下可以把可信程度提高到 90%（在中心足够多且网络足够安全的理想情况下）。但换种思路，去掉 A、B、C 三个中心，而是用 D 中心来代为执行信任任务，把 D 中心的可信度提高到 95%，如 D 中心为监管部门或官方组织，毕竟用户对官方或有关部门还是信任的。

第十三节　维权中心

在物理世界中，当发生侵权行为后，被侵权方可以采取仲裁手段或到法院进行诉讼维权。同样，线上存在着广泛的侵权行为或纠纷事件，也需要及时维权。目前解决网络纠纷事件的方式是，通过线上渠道收集原告与被告的诉讼证据，并通过线下开庭的方式审核证据，听取双方辩词并依法做出判决。用户互联网追求的是完全线上化，无论是诉讼申请的提交还是判决的宣布，尤其是证据的提交和认证更要实现线上自动化，所以自动存证和取证至关重要。

当前平台互联网各种侵权行为屡见不鲜，而侵权的范围也无所不包，例如产品服务的抄袭、数字作品的模仿、用户数据的侵占和泄露、用户肖像和隐私的侵犯等。造成这一局面的主要原因有以下几点。

第一，网络主体的法律意识薄弱，侵权方没有敬畏之心，没有顾虑；被侵权方维权意识淡薄，维权能力有限。

第二，网络主体之间的关系不平等，尤其是平台与用户之间，在平台互联网中，用户单方面受制于平台，是弱势一方。

第三，平台侵权成本低，平台相较于用户有更专业的法律顾问，且用户受制于平台，平台更容易进行侵权行为。

第四，用户取证难，所有的产品协议都是平台单方面制定的，其规定往往对平台有利，且平台可根据自己的需要更改。

第五，司法维权难，司法诉讼周期长，成本高，且可能最后无法解决问题。

处理网络纠纷案件是需要举证和判决的，周期较长，也较为复杂。用户互联网可提高效率，帮助从存证到取证的流程，具体操作如下。

①权威机构提供线上存证服务；

②用户通过固定入口进行信息上传存证；

③当纠纷发生后，用户向权威机构线上提起诉讼；

④权威机构自动从本地提取用户之前上传的存证信息。

用户互联网可以更好更快地解决用户被侵犯的不平等问题，也可以此方式，使平台有所敬畏从而减少主动侵权行为。用户互联网时代，“维权”会变得更加容易和高效。

10

第十章 用户互联网思维

第一节　全局领袖思维

要想构建用户互联网，需要从互联网全局视角思考应选择什么样的领袖和从业人员，这些人应思考互联网需要什么，而不仅仅是平台需要什么，也不是千方百计研究用户、讨好用户。从某个角度看，互联网与用户是“一体共生”的关系，理解互联网的需要就是理解用户的需要。

服务即责任，全局领袖的第一要务就是认清互联网的根本宗旨是为用户服务。产品服务的本质更是一种责任，应当明确什么该做什么不该做。尤其是当前互联网处于成熟期，基础建设较为完备，互联网治理是值得重点关注的问题。

全局领袖思维包括敢于主动引领互联网发展的担当和勇气。互联网服务建设就像一场马拉松，互联网人最该关注的是当前所处的位置以及如何跑得更远（绝对发展进程），而不仅仅是相较于竞争对手领先了多少（相对发展进程）。鉴于平台的重复竞争和相对发展策略，平台互联网的最优产品会远远低于这个阶段该有的最好产品服务的标准。

全局领袖思维还是一种战略思维，它从实际出发，能够正确处理用户与互联网之间的关系，着眼于现在与未来的关系、全局与局部的关系、服务与产品的关系。驾驭全局，统筹协调各方面，也是用户互联网应该做的，并且用户互联网有潜力根据用户相关的一切资源做好优化和配置。

第二节　平行一统思维

平台垂直思维玩的是圈地、拼图游戏。根据场景的不同，平台提供与之对应的垂直化产品，使之在该垂直领域率先实现一统，奠定根基。基于此优势，如法炮制，提供其他领域产品直至覆盖占领，最终实现全场景一统。

用户互联网的产品是平行一统的，即可以以微粒状态实现跨平台全网流通。用户互联网在注意力产品的基础上提供自然产品。从用户视角看，用户具备突破平台限制，到达全网任何服务位置的能力。用户思维下的一统不是指平台一统，而是指用户一统，或者说平台帮助用户间接实现一统。即用户可以在全网的任何位置，使用任何功能和服务。也可以理解为，用户在互联网任何位置都可以使用这些功能和服务，这也就代表了平台提供的这些功能和服务具备全网一统能力。

唯一能做到触达全网任何角落并建立影响的只有用户，所以从用户视角思考，才有实现一统的基础和机会。无论是产品还是连接介质，都是基于用户属性的，所以对平台来说，这是不可抗拒的，要么一统，要么被一统。

第三节　直接连接思维

用户间、需求和服务间都是通过平台间接连接的，而用户互联网追求的是直接连接。

区块链中点代表的主体更多是独立用户，而用户互联网将点视为互联网中任何独立存在的因子，不仅包括独立用户，更包括海量粒度更小的独立网络因子。独立用户是受制于平台边界的，但这些粒度更小的粒子则可以独立于平台的控制体系之外，在全网流通，用户互联网将重新定义连接点。

区块链思维下连接中介就是中心化平台，其改造方式就是建立一个没有平台参与的独立系统，所以追求去中心、去平台。用户互联网思维下，连接介质指能实现连接的任何因子，或者说就是产生用户需求的触发因子，不需要额外转场通过其他因子完成连接。

区块链思维下，对直接的理解更多的是主体身份不经过第三方连接。用户互联网思维下，对直接的理解，除了包括主体身份之外，更包括单个主体不同身份表达的连接。因为不同主体在网络有不同的身份，同一主体也有不同的网络身份表达，如表达身份的各个标签、账户、内容等。

区块链和用户互联网都追求点对点直接连接，但本质是不同的。区块链思维下要做的是去中心、去平台，实现用户之间的点对点连接。而用户互联网思维要实现的是任何互联网独立因子之间的直接连接，粒度更小，追求的是在触发需求的场景位置处，通过触发因子在不需要转场的情况下，即时完成连接。

第四节　微粒思维

什么是微粒？互联网中任何独立且明确的信息元素都可以定义为微粒，诸如一段视频、一张图片、一个 LOGO（商标），甚至一个关键字等。

在平台互联网中，服务的载体一般是宏观的，如一个通信工具的载体是网站、App 等，通常需要花费大量的成本其才能投入使用。在用户互联网中，服务的载体是微粒状态的，比如一张图片就可以定义为一个产品，用户通过这张图片就能连接该图片的创作方和消费方，且用户在网络行为中会自主创造这种连接服务的载体，不需要额外花费大量的成本去开发相关平台。

当前平台互联网中，信息元素的属主很难确定。比如用户在网络上看到一张图片，可能会想：这张图片的创造者是谁？是否可以直接拿来使用？有没有侵权风险？如果想要购买该图片的版权又该怎么做？这些问题并不好回答。而在用户互联网中，每个信息元素都有属主，且任何人都可以通过这个信息元素找到该属主。例如，每张图片都与其创造者唯一关联，用户想要购买某张图片的版权，就可以通过这张图片联系到该图片的创造者（属主）。

在用户互联网中，任何产品和信息都能以微粒状态存在，且自带完整周边能力（网络通信、支付、搜索等）和连接能力。微粒化能保证用户属性静默关联，能保证基于内容和信息特性连接，能保证不受平台边界限制，更是互联网在用户属性单一特征平行领域实现一统的基础。

第五节　需求思维

平台互联网对需求问题的思考粒度较大（用户需求粒度），用户互联网对需求问题的思考粒度更小（互联网需求粒度）。下面以通信为例具体介绍平台互联网与用户互联网的思考粒度。

一、平台互联网思维的思考粒度

通信是用户的必然需求，其思考粒度是通信，继而以此为基础，加上平台主观意志，衍生出诸如熟人通信、陌生人通信、图片通信，以及其他各种玩法的通信工具。基于此思维开发的产品，通信能力是受制于平台的，只是对既定通信关系的一种记录，即

①完成通信需求只能到特定的通信工具内；

②只能通过平台属性的连接介质才能通信；

③通信介质获取的门槛是平台性质的，在通信前完成通信关系的确定（申请—通过）。

二、用户互联网思维的思考粒度

通信是互联网的必然需求，其思考粒度是自由通信，以自由通信匹配用户，通信能力可以跟随用户到达任何用户影响力覆盖的地方，并以此为基础进行满足用户需求的通信工具设计，最后才会增加平台的主观意志

需要。

平台互联网思维是站在平台的位置，从平台的视角，模拟分析继而思考用户的需要是什么，并赋予平台属性的身份和影响。通常这样的思考受制于单个平台的视野局限和用户需求的不可掌握，因为大多数情况下，用户并不知道自己想要什么。用户互联网思维是从单个用户视角，最先思考互联网应该是什么样子的，最本质的需要是什么，然后将此需要的可能性列举出来，与用户的需要进行匹配，最后加上产品创作者的需要，继而完成产品设计。

第六节　产品思维

用户互联网的产品思维与平台互联网的产品思维完全不同，对同一需求，认知思维的不同必然导致做出的产品不同。要实现用户互联网时代下的产品，服务提供者该如何思考以及具备怎样的认知呢？平台互联网的产品思维并不适用于用户互联网时代的平行产品设计，互联网人必须具备用户互联网产品思维才可以。

需求是用户的，满足用户需求的产品能力应该紧跟需求走，自然也属于用户。简单来说，就是用户（需求）在哪儿，产品能力就该出现在哪儿，而不是让用户去固定的位置才能满足需求。

微信实现通信工具的一统，并不是指所有的用户都在微信这款产品里进行通信（此处指注意力通信服务），而是在任何需要通信的位置都能调用微信的通信能力（此处指平行通信服务）。从这个角度理解，当前平台互联网所有的产品都可以归属于注意力产品，而非平行产品。这种本质的区别会决定产品的上限和流通的范围，以及产品在持久战线上是否具备可替代性。短期来说，注意力产品极具爆炸性的注意力吸引效果自然能带来可观的价值和收益。但如果平台想要打造互联网的基建产品，要思考如何提供平行产品，让产品能力跟随用户到达任何用户产生即时需求的地方。

为用户服务远远不是提供解决用户的某一需求的产品这么简单。平台在产品思维体系之下，还要补充以下几种思维。

一、本善思维

打造一统化产品相较于单平台的圈地策略更需要平台具备善良意识。在平台互联网思想指导下，平台可能为体现担当和责任打出“向善”的旗帜，并在不涉及核心利益的情况下选择善良。但用户互联网的产品如果没有善良，依旧是平台垄断性质的，是做不到流通全网的，无异于平台互联网的产品。

一旦将本善思维运用在产品上，平台不会设置“打扰”性的功能，如各种打卡签到，以及其他以强制留住用户为目的的活动等；也不会做“绑架”用户的连带功能，如作品发布后带有平台水印；查询信息，不会强制用户注册；可以扫码注册的不会在扫码后又要求用户验证手机号码；更不会做一些窃人私隐的事，如静默开启手机权限，收集用户各种存储和行为信息、隐私等。

二、责任思维

产品即责任，服务范围越广，用户越多，影响越深，责任就越大。互联网的产品很容易接触到海量用户，这确实具备很大的收益潜力。但水能载舟，亦能覆舟，海量的用户暗藏海量的危机，平台侵犯用户隐私问题时有发生。

但这些问题在用户互联网时代都会解决，只是时间问题罢了。对致力于成为互联网基础设施的平台来说，这些问题是其不得不思考的。

除此之外，当前有很多专业词汇体现了大多数产品经理的认知依旧停留在平台互联网思维。如用户的产品忠诚度等，这种思维是典型的圈地思维，为什么要求用户对产品的忠诚，而不是产品忠诚于用户呢？类似的现象还有很多。

时代变了，用户互联网时代的产品必须是平行的，必须考虑一统化的问题。即产品服务的范围绝对不能受限于创作方自身的孤岛疆域。如果平台互联网下平台的产品都是一个个孤立的王国，那么用户互联网的产品，必须可以穿越这些独立王国。而要实现平行一统化，最重要的一点就是将产品的能力归于用户。因为单个孤岛的产品服务是不能突破疆域到达另一个孤岛的，唯一能不受限制任意触达的只有用户。比如用户在微信和支付宝里都有通信的需求，但因为这是两个绝缘的孤岛，所以任何一方的功能服务都不可能触达到另一方。换个角度看，同一个用户是可以同时到达这两个绝缘孤岛的。

在这里，不得不提起一个名词：产品自由度。产品自由度指的是产品的创作者对该产品的影响力指数。产品自由度越高，代表产品越接近用户属性，越有可能流通全网。

平台的影响力应从本质去看，而不是只看表面。平台不侵犯用户不代表没有侵犯用户的能力，也不代表平台以后不会侵犯用户，一切不过是平台权衡利弊之后做出的选择罢了。而产品自由度的计算是从本质上分析平台具备影响产品能力的水平，目前来看，平台互联网中产品的自由度远远不够。

平台互联网产品的需求从哪里来？可能来源于市场调研和竞品分析，也可能是创作者的灵光一现。用户互联网也是如此，但又不仅如此，因为需求的来源可以通过计算得到。创作者在思考用户需求的时候，更需要想到互联网的需要是什么。平台互联网产品对需求的管理是没有经过统一和全局思量的。虽然分享是每个用户该有的权利，但在公共领域的分享，是需要管理的，毕竟会对被分享用户造成影响。

还有一个很重要的点，就是产品对需求的解决指数。你从 0 做到 60 分，她从 0 做到 70 分，我从 0 做到 80 分。我们永远在 0 到 80 分的空间里重复竞争，却没人突破 80 分到 100 分的领域，从本质上提高产品对需求的解决指数。平台产品的解决思维永远是平台自我需求推动，而不是互联网对产品的需求推动。

如果你选择创业，可能很多人都会建议你去做细分领域，去垂直领域解决一个痛点。这没错，但在用户互联网中，仅仅这么理解是非常片面的。用户互联网的产品总体分为两类，即总类和分类。总类提供基础设施服务，分类提供线条工具。用户互联网时代下的垂直性产品即线条工具，线条工具核心特征是服务垂直化、标准化和流通全网化，同样跟随用户走。但不意味着线条工具是没有管理、任意创作的。其产品贴近轻模式、工具模式以及简单纯粹模式，其产品粒度甚至可以是互联网元素粒子。线条工具追求的是实现某个需求在最小解决单元上的标准和唯一，这样其不可替代性和持久性远远高于当前平台互联网中无管理、繁杂的垂直产品。

用户互联网的线条工具对创作力的需求更甚，规则即产品，而每个用户都可以把规则定义为产品，其技术实现和表现形式，已经是无感知的模板，用户纵横网络，在任何位置都可以实时创作产品。用户互联网一个重要的任务就是创造用户属性产品，且是在静默状态下创造的，毫无门槛。

第七节　竞争思维

目前来看，无论是平台还是自治组织都不足以承担用户互联网的需要，组织形态是需要继续探索和变革的。

平台互联网背景下，虽然各平台可以继续圈地竞争，但不过是此消彼长，后来者已无足够发挥空间，只可能在细分领域内深耕。不过这不重要，因为用户互联网来了。以平台为主体是必经阶段，以用户为主体是必然结果。主体从平台走向用户是互联网发展的根本要求。用户互联网时代，平台竞争的策略并不是直接“交战”，而是双方都作用于用户的间接竞争。而用户竞争的实质是将平台的能力赋予用户。

另外，互联网需要新的或者说是满足其发展要求的领袖。产品的第一要素并不是痛点、需求、体验、价值等，而是责任。每个致力于成为领袖的平台都应该有这个认知。

网络对用户的影响如此之大，如此之深刻，如何管理互联网是非常基础且核心的问题。互联网环境、舆情、真实性问题、网络安全、隐私保护、信息超生等方面都需要管理，这些问题都是具备全网性质的。但目前平台互联网背景下，平台的第一要素绝对不是解决问题，而且平台没有能力从根本上解决全网性的问题。

在用户互联网中，平台的竞争策略也与平台互联网时期完全不同，主要需要进行两场“战争”。

一、统一“战争”

产品统一即在任何需求发生的即时场景处提供产品功能，而不是转场到特定场所才能完成服务。这两种产品的属性分别是自然产品和注意力产品。

平台目前提供的是注意力产品。最典型的是主动搜索和通信工具，用户想要查询信息和社交通信必须到特定的搜索引擎和通信工具内。注意力产品的本质追求是入口，是在用户脑海里建立需求即本产品的强意识。平台互联网最核心的竞争点就是对各种垂直服务对应注意力入口的占领。注意力产品的一大特点就是强者拥有一切，后来者难以竞争。但用户互联网对统一的理解不仅仅是注意力的统一，注意力有一个根本的劣势就是可替代性，或许替代品不会来自竞争对手，但可能来自新的玩法和服务表现形式。而用户互联网带来的全网化和用户跟随的特点，就会创造新的玩法和服务表现，因为用户互联网除了注意力产品之外，更要做平行产品。

二、产品“战争”

平台互联网的产品从整体视角看是很混乱的。用户互联网时代对产品的分类只有两种，一种是线条工具产品，另一种是基建产品。

线条工具产品指的是特定时间内具备明确获取规则和唯一输出结果的功能服务。当然同一字段输入时间不同可能导致结果不同，但检索规则和输出结果是唯一且确定的。线条工具产品可以用五个字总结：“规则即产品”。平台互联网经常会提到细分领域的垂直产品，线条工具产品的特点也是垂直和细分，但两者本质上是不同的。平台互联网的垂直和细分产品如果指的是互联网广袤大陆上的一小块土地，那么用户互联网的垂直和细分产品就是组成一小块土地的一粒粒尘埃。因为一小块土地是属于平台的，而一粒粒尘埃却可以属于用户。所以线条工具产品的本质是让每粒尘埃都属于用户，跟随用户到达全网任何位置。

基建产品是服务线条工具产品的基础环境，让线条工具产品静默下即可归属用户，跟随用户纵横全网。当然从用户互联网的定义就可以很明显地了解用户互联网对基建的要求有哪些。还有一点很重要，基建产品一定是致力于解决全网化问题的。

互联网服务的宗旨就五个字：“为用户服务”。如今，平台互联网可以说已经到了瓶颈期，红利已尽。平台最好的发展策略就是“内战”，尤其是在拼资源、拼流量的领域。但在互联网的开拓上，平台就没多大能力了，所以这个时代的平台做出的最好产品比不上这个时代应该存在的最好产品。资本和流量虽是坚船利炮式的壁垒，但永远挡不住历史的滚滚洪流。

11

第十一章

科技本善

第一节　科技本善的含义

各网络主体之间独立自治和交互自治，不仅体现在网络行为和数据上，更体现在科技的应用上。当前平台互联网中，平台决定了科技的研发走向和产品应用，用户无法参与只能被动接受。平台科技研发的出发点是维护平台私有的利益，所以科技不可能从根本上向善，而且各个平台有好有坏，总有个别平台为了利益而选择“科技向恶”。

用户互联网对科学技术最根本的要求是科技本善，即科技的发展以服务用户为最根本的出发点。即便是以平台为主进行研发，用户也可以自我选择应用于自身的科学技术。与产品自治一样，用户在科技方面同样不会受制于平台，可以真正实现通过科技进行自我保护，避免被平台侵犯。

科技本善的含义就是各个网络主体都有参与科技发展建设、选择和决策应用于自身的任何科技的权利和能力，尤其是用户。在科技发展和应用的过程中，所有网络生活的主体都应该参与。用户是网络生活的重要组成部分，是使用科技服务最广泛的主体，自然应该参与科技的建设和发展。在基础研发上，用户是个体性质，没有能力投入巨额资金进行科技研发探索，但平台也是由一个个用户组成的，平台的研发工作也是由具体用户（员工）完成的；在应用上，用户更是科技应用的核心主体，科技研发就是为了海量用户使用。

第二节　科技本善的目标

《千里之行·科技向善白皮书2020》中写道："科技向善是产品实践，而非姿态立场。"腾讯研究院院长司晓认为：如今的用户越发关注安全、隐私和健康三大问题。在这一趋势下，企业们开始需要领先于用户，为他们的长期利益作出考虑，以提供更有价值的产品和服务。科技向善本质上是一种对企业科技行为自律的号召和引导，要做到真正为用户服务，以科技本善为根本要求的用户互联网的建设尤为重要。

科技本善的目标是什么呢？简言之，科技本善就是让用户有能力选择和决策应用于自身的技术。

用户可以决策是否使用平台提供的某些技术服务，如平台为用户提供产品，用户有权利和能力决定是否使用其中的某些技术，如人脸识别技术、通过算法进行智能推荐的技术。

科技本善的终极目标就是让用户有能力、有权利选择并决策应用于自身的技术。

第三节　科技向善与科技本善

科技向善与科技本善的本质区别在于用户是否有能力选择和决策应用

于自身的科技。

这是两个不同的认知和选择，因为网络主体是不一致的。科技向善的提出方是平台，其思维依旧是在平台掌控一切，用户完全被动且受制于平台的基础上，号召平台善良，尽量减少对用户的侵犯行为。而科技本善的思维是各个网络主体都有权利和能力进行科技选择和应用。

科技思维要改变，科技本善追求的不仅是科技为平台服务，更是科技直接为用户服务。科技本善与平台宣称的科技向善在本质上是完全不同的，科技本善主张用户可以直接使用技术，保障自己自治的能力，保证网络行为的自主决策，保护身份安全和数据隐私等。

科技本善并不是寄希望于平台写在纸上的诸如科技向善的价值观，因为这是种可以选择的善良。科技本善是将技术应用的能力直接交给用户，让用户可以自主选择适用于自身的技术，更可贵的是这种用户运用的技术可以贯穿全网，不受制于单个平台。